le chemin de l'espace

ROBERT SILVERBERG	ŒUVRES
L'HOMME DANS LE LABYRINTHE	*J'ai Lu* 495**
FILS DE L'HOMME	
LA TOUR DE VERRE	
LES MASQUES DU TEMPS	
LES PROFONDEURS DE LA TERRE	
LES AILES DE LA NUIT	*J'ai Lu* 585**
LE TEMPS DES CHANGEMENTS	
UN JEU CRUEL	*J'ai Lu* 800**
LA PORTE DES MONDES	
LES MONADES URBAINES	*J'ai Lu* 997***
SIGNAUX DU SILENCE	
LA FÊTE DE DIONYSOS	
SEMENCE DE LA TERRE	
TRIPS	*J'ai Lu* 1068***
L'OREILLE INTERNE	*J'ai Lu* 1193***
L'HOMME STOCHASTIQUE	*J'ai Lu* 1329***
SHADRAK, DANS LA FOURNAISE	
LES CHANTS DE L'ÉTÉ	*J'ai Lu* 1392***
LE CHEMIN DE L'ESPACE	*J'ai Lu* 1434***

ROBERT SILVERBERG

le chemin de l'espace

traduit de l'américain par Michel Demuth

Éditions J'ai Lu

Ce roman a paru sous le titre original :

TO OPEN THE SKY

© 1967, by Robert Silverberg
Pour la traduction française :
© Éditions J'ai Lu, 1983

2077

LE FEU BLEU

Le chaos menaçait la Terre mais peu importait à l'homme qui se trouvait dans la Chambre du Néant.

Dix milliards de personnes – ou bien était-ce maintenant douze milliards? – se battaient pour une place au soleil. Des buildings montaient vers le ciel comme autant de pousses de haricots. Les Martiens raillaient. Les Vénusiens crachaient. Des cultes extravagants prospéraient et, dans un millier de cellules, les Vorsters se prosternaient devant leur diabolique lueur bleue. Rien de tout cela, pour le moment, n'intéressait Reynolds Kirby. Il était hors du circuit. C'était lui l'homme qui se trouvait dans la Chambre du Néant.

Le lieu de son repos se situait à douze cents mètres au-dessus des eaux bleues de la mer des Caraïbes, dans son appartement du centième étage, à Tortola, dans les îles Vierges. Il fallait bien se reposer quelque part. Kirby, en tant que haut fonctionnaire de l'O.N.U., avait droit à la chaleur et au sommeil paisible, et une part substantielle de son salaire passait à payer les frais de sa retraite. L'immeuble était une étincelante tour de verre dont les fondations s'enfonçaient profondément dans le cœur de l'île. On ne pouvait pas ériger une telle construction dans n'importe quelle île des Caraïbes.

La plupart n'étaient que des disques plats de corail mort, elles n'avaient pas la solidité requise pour supporter un poids de cent mille tonnes. Tortola était différente. C'était un ancien volcan, une montagne submergée sur laquelle on pouvait bâtir en toute assurance. Et on avait bâti.

Reynolds Kirby dormait du bon sommeil.

Une demi-heure dans une Chambre du Néant rendait à un homme sa vitalité tout en débarrassant son corps et son esprit des poisons de la fatigue. Trois heures le laissaient physiquement et moralement déprimé. Un séjour de vingt-quatre heures pouvait vous transformer en marionnette. Kirby était plongé dans un bain nutritif chaud, les oreilles obturées, les yeux masqués. Des tubes amenaient l'air dans ses poumons.

Lorsque le monde vous paraît trop pénible à supporter, rien ne vaut un retour à la matrice.

Les minutes passaient. Kirby ne pensait pas aux Vorsters. Kirby ne pensait pas à Nat Weiner, le Martien. Kirby ne pensait pas à l'esper qu'il avait vue à Kyoto la semaine d'avant, tordue sur son lit de souffrance.

Kirby ne pensait pas.

Une voix feutrée dit :

— Etes-vous prêt, citoyen Kirby?

Kirby n'était pas prêt. Qui l'était jamais? Il eût fallu un ange avec son épée flamboyante pour chasser quiconque de la Chambre du Néant. Le liquide nutritif s'écoula du réservoir avec des borborygmes. Des doigts de métal rembourrés de caoutchouc ôtèrent les bouchons placés sur les globes oculaires. Ses oreilles furent débarrassées de leurs tampons.

Kirby gisait, frissonnant, expulsé de la matrice, résistant encore un instant au retour à la réalité. Le cycle de la Chambre était achevé, il ne pourrait être déclenché de nouveau que dans vingt-quatre heures. Ce qui, en soi, était une bonne chose.

— Avez-vous bien dormi, citoyen Kirby?

Kirby esquissa une grimace et se mit debout avec peine. Il chancela, faillit perdre l'équilibre, mais le domestique robot était là pour le soutenir. Kirby saisit son bras poli et s'y cramponna jusqu'à ce que le spasme fût passé.

— J'ai merveilleusement bien dormi, dit-il à la créature de métal. Dommage qu'il faille revenir.

— Vous ne dites pas cela sérieusement, citoyen! Vous savez que le seul vrai plaisir réside dans l'affrontement avec la vie. Vous me l'avez dit vous-même, citoyen.

— C'est bien possible, admit Kirby d'un ton sarcastique.

L'essentiel de la pieuse philosophie du robot provenait des remarques faites par Kirby. Il accepta le peignoir que lui tendait la chose trapue, à la face plate, et le drapa sur ses épaules. Il eut un nouveau frisson. Kirby était maigre, trop grand pour son poids, avec des bras et des jambes aux muscles saillants, des veines noueuses, des cheveux gris coupés ras et des yeux pers profondément enfoncés. Il avait quarante ans, en paraissait cinquante et, avant d'entrer dans la Chambre du Néant, aujourd'hui, il s'était senti vieux de soixante-dix.

— Quand le Martien doit-il arriver? demanda-t-il.

— Dans dix-sept heures. Pour l'instant, il assiste à un banquet à San Juan, mais il ne tardera pas à repartir.

— Je meurs d'impatience, grinça Kirby.

D'un air morose, il s'approcha de la fenêtre la plus proche et la dépolarisa. Il regarda en bas, tout en bas, l'eau tranquille qui léchait la plage. Il distinguait la ligne sombre du récif de corail, l'eau verte du lagon, le bleu profond de la mer. Naturellement, le récif corallien était mort. Les créatures fragiles qui l'avaient construit ne pouvaient absorber qu'une quantité limitée de mazout, et le taux de tolérance avait été dépassé depuis pas mal de temps. Les hydroglisseurs qui bourdonnaient frénétiquement entre les îles laissaient un sillage de boue mortelle derrière eux.

Kirby ferma les yeux. Et les rouvrit aussitôt, car, lorsqu'il abaissait les paupières, sur l'écran de son cerveau se formait à nouveau la vision de cette esper qui se tordait en hurlant, en se mordant les poings, sa peau jaunâtre luisante de sueur. Et celle du Vorster qui, debout à ses côtés, agitait sa maudite lueur bleue en murmurant :

– Paix, mon enfant, paix... Vous serez bientôt en harmonie avec le Tout...

Cela s'était passé jeudi dernier. On devait être le mercredi suivant.

Elle est maintenant en harmonie avec le Tout, songea Kirby. Et un assemblage de gènes irremplaçable a été éparpillé aux quatre vents. Ou aux sept vents. Il avait du mal à s'y retrouver dans ces clichés, ces temps-ci.

Sept *mers*, se dit-il. Et quatre *vents*.

L'ombre d'un hélicoptère passa dans son champ de vision.

– Votre invité arrive, annonça le robot.
– Magnifique, dit Kirby d'un ton glacé.

L'annonce de l'arrivée du Martien faisait vibrer d'appréhension chacun de ses nerfs. Il avait été désigné pour servir de guide, de mentor et de chien de garde au visiteur de la colonie martienne. Maintenir des relations de bonne amitié avec les Martiens était d'une extrême importance car ils représentaient des marchés indispensables pour la vie économique de la Terre. Ils représentaient aussi la vitalité et la vigueur, qualités dont la Terre manquait en permanence.

Mais c'étaient des personnages assez empoisonnants, capables des réactions les moins prévisibles. Kirby savait qu'il allait avoir fort à faire. Il devait éviter au Martien de se mettre dans des situations pénibles, le dorloter, le chouchouter sans jamais avoir l'air protecteur ou obséquieux. Et s'il ne s'en tirait pas convenablement... eh bien, cela coûterait cher à la Terre et il dirait adieu à sa carrière.

Il opacifia la fenêtre et se hâta de regagner sa chambre pour revêtir sa tenue officielle. En tunique grise collante, avec un foulard vert, des bottes de cuir bleu, des gants de maille d'or scintillants, il avait tout du haut fonctionnaire des Affaires terrestres quand l'avertisseur tinta pour l'informer que Nathaniel Weiner, de Mars, venait lui rendre visite.

— Faites-le entrer, dit simplement Kirby.

La porte se diaphragma et le Martien entra d'un pas léger.

C'était un petit être trapu, d'une trentaine d'années, aux épaules exagérément carrées, avec des lèvres minces, des pommettes saillantes et des yeux noirs perçants. Il semblait vigoureux, comme s'il avait passé sa vie à lutter contre l'écrasante pesanteur de Jupiter au lieu de s'ébattre dans l'atmosphère d'aérienne légèreté de Mars. Il était très bronzé, et un fin réseau de rides se déployait en éventail au coin de ses paupières.

Il a l'air agressif, pensa Kirby. Il a l'air arrogant.

— Citoyen Kirby, c'est un plaisir de vous voir, déclara le Martien d'une voix basse et rauque.

— Tout l'honneur est pour moi, citoyen Weiner.

— Permettez, dit Weiner.

Il dégaina son pistolet laser. Le robot de Kirby se

précipita avec le coussin de velours. Le Martien déposa l'arme avec précaution sur la surface pelucheuse et le robot glissa sur le parquet pour venir présenter le pistolet à Kirby.

– Appelez-moi Nat, dit Weiner.

Kirby eut un petit sourire. Il prit l'arme et maîtrisa une tentation folle de réduire le Martien en cendres. Il examina brièvement le pistolet, le replaça sur le coussin et, d'un geste, indiqua au robot de le restituer à son propriétaire.

– Mes amis m'appellent Ron, dit-il. Reynolds est un prénom vraiment affreux.

– Ravi de faire votre connaissance, Ron. Qu'est-ce qu'il y a à boire?

Kirby fut choqué par ce manquement à l'étiquette, mais il sut conserver un masque diplomatiquement serein. Le Martien s'était montré respectueux des usages en ce qui concernait la présentation de son arme, mais tous les hommes de la frontière en faisaient autant. Cela ne voulait nullement dire qu'il était bien élevé.

D'un ton uni, il déclara :

– Tout ce que vous voulez, Nat. Synthétiques, naturels... Demandez ce qu'il vous plaira et on vous le servira. Que diriez-vous d'un rhum filtré?

– J'en suis tellement plein qu'une goutte de plus me ferait vomir, dit Nat. Ces *gabogos* de San Juan boivent ça comme de l'eau. Si nous prenions un peu d'honnête whisky?

– Commandez vous-même, dit Kirby avec un geste noble de la main.

Le robot prit le clavier du bar et l'apporta au Martien. Weiner examina les touches un instant, puis frappa deux fois, comme au hasard.

– Je commande un double *rye* pour vous, annonça-t-il. Et un double bourbon pour moi.

Kirby trouva la chose amusante. Le grossier

colon choisissait non seulement sa propre boisson mais aussi celle de son hôte. Un double *rye*, vraiment! Il dissimula sa grimace et accepta le verre. Weiner se vautra confortablement dans une coquille de mousse et Kirby s'assit lui aussi.

– Que pensez-vous de votre séjour sur Terre?

– Pas mal, pas mal... Mais c'est vraiment écœurant de vous voir tous entassés les uns sur les autres.

– C'est la condition humaine.

– Sur Mars, ça ne se passe pas comme ça. Sur Vénus non plus.

– Ça viendra avec le temps, commenta Kirby.

– J'en doute. Nous avons su régulariser l'expansion de la population, là-bas, Ron.

– Nous aussi. Il nous a seulement fallu un certain temps pour le faire comprendre à tout le monde et, à ce moment-là, nous étions déjà dix milliards. Nous espérons maintenir en veilleuse le taux d'expansion actuel.

– Vous savez ce que vous devriez faire? dit Weiner. Prendre une personne sur dix que vous mettriez dans les convertisseurs. De toute cette viande, vous pourriez récupérer pas mal d'énergie. Et ça réduirait votre population d'un milliard en vingt-quatre heures. (Il gloussa de rire.) Non, ce n'est pas sérieux. Ça ne serait pas moral. Je plaisantais.

Kirby sourit.

– Vous n'êtes pas le premier à faire cette suggestion, Nat. Et certains l'ont faite sérieusement.

– La discipline est la solution de tous les problèmes humains. De la discipline et encore de la discipline. De l'abnégation. De l'organisation. Ce whisky est sacrément bon, Ron. Qu'est-ce que vous diriez d'une autre tournée?

– Servez-vous.

Weiner se servit. Généreusement.

— Sacrément bon, répéta-t-il. Nous n'avons pas d'alcool comme ça, sur Mars, je dois l'avouer, Ron. Cette planète est surpeuplée et puante, mais elle a ses compensations. Notez bien que je ne voudrais pas y vivre, mais je suis content d'y être venu. Les femmes... *Mmm!* L'alcool! Les sensations fortes!...

— Il y a deux jours que vous êtes arrivé? demanda Kirby.

— Exact. Une nuit à New York avec cérémonies, banquet, tout le cirque habituel. Sous le patronage de l'Association coloniale. Puis un saut à Washington pour rendre visite au Président. Vieux type sympathique. Mais trop de bide. Un peu d'exercice ne lui ferait pas de mal. Après, cette idiotie à San Juan, une journée d'hospitalité pour rencontrer les camarades portoricains, vous voyez le genre de merdier. Et maintenant me voilà. Qu'est-ce qu'il y a à faire par ici, Ron?

— Eh bien, pour commencer, nous pourrions descendre prendre un bain...

— Sur Mars, je peux nager autant que je le veux. Non, je veux voir la civilisation, pas de l'eau. La diversité, Ron.

Weiner avait les yeux brillants. Kirby se rendit brusquement compte que le Martien était déjà ivre quand il était arrivé et que les deux bourbons avalés coup sur coup l'avaient plongé dans un état d'euphorie totale.

— Vous savez ce que je veux faire, Kirby. Je veux aller me plonger un peu dans la boue. Je veux aller dans les fumeries d'opium. Je veux voir des espers en extase. Je veux participer à une réunion de Vorsters. Je veux vivre. Ce qui s'appelle vivre, Ron. Je veux tout expérimenter sur Terre. La boue... et tout le reste!

★

Le temple vorster se trouvait dans un vieux building d'une décrépitude presque inacceptable, au cœur de Manhattan, pratiquement à quelques pas de l'immeuble des Nations unies. Kirby ne se sentait pas très chaud à l'idée d'y entrer. Il n'avait jamais vraiment surmonté le dégoût qu'il éprouvait à faire la tournée des taudis, même à présent que le monde n'était plus guère qu'un immense taudis grouillant. Mais Nat Weiner l'avait ordonné, et sa volonté devait donc être accomplie. Kirby l'avait amené ici parce que c'était le seul temple vorster qu'il eût jamais visité et qu'il ne se sentait pas trop dépaysé parmi les fidèles.

Le culte vorster était une force nouvelle et importante dans les affaires terrestres. Kirby le savait, mais c'est à peu près tout ce qu'il connaissait sur ce sujet. Tout mouvement religieux ou quasi religieux qui parvenait à se développer aussi rapidement devait être important. Dans un monde de plus en plus divisé et chaotique, les Vorsters avaient manifestement apporté quelque chose.

L'enseigne au-dessus de la porte annonçait, en lettres brillantes et maladroites :

FRATERNITÉ
DE LA RADIATION IMMANENTE
SOYEZ TOUS BIENVENUS
SERVICES QUOTIDIENS
GUÉRISSEZ VOTRE CŒUR
ENTREZ EN HARMONIE
AVEC LE TOUT

Weiner ricana.
– Regardez-moi ça! *Guérissez votre cœur!* En quel état est le vôtre, Kirby?

– Transpercé en plusieurs endroits. Nous entrons?

– Et comment! dit Weiner.

Le Martien était plein comme un œuf. Mais il tenait bien l'alcool, Kirby se devait de le reconnaître. Tout au long de cette interminable soirée, il n'avait même pas tenté de répondre verre pour verre à l'envoyé colonial et, pourtant, il se sentait échauffé, la tête vague. Il avait des picotements au bout du nez. Il mourait d'envie de laisser tomber Weiner et de regagner la Chambre du Néant pour épurer son sang de tout ce poison.

Mais Weiner ne voulait en faire qu'à sa tête et on pouvait difficilement l'en blâmer. Mars était un monde rude où l'on n'avait guère de temps pour le plaisir. Terraformer une planète exigeait un effort intensif. La tâche était presque achevée, après deux générations de labeur, et l'air de Mars était doux et pur. Mais personne ne s'y reposait encore. Weiner était ici pour négocier un accord commercial, mais c'était aussi pour lui la première occasion d'échapper momentanément aux rigueurs de l'existence martienne. La Sparte de l'espace, comme on l'appelait. Et Weiner était en visite à Athènes.

Ils entrèrent dans le temple vorster.

C'était une salle longue et étroite, pareille à une boîte rectangulaire. Une douzaine de rangées de bancs de bois blanc allaient d'un mur à l'autre, ne laissant qu'un étroit passage sur l'un des côtés. L'autel était tout au fond, éclairé par l'inévitable lueur bleue. Derrière se tenait un personnage de haute taille, d'une maigreur squelettique, barbu, le crâne rasé.

– Est-ce le prêtre? demanda Weiner dans un chuchotement rauque.

— Je ne crois pas qu'on les appelle ainsi, dit Kirby. Mais c'est lui qui dirige la séance.

— Est-ce que nous allons communier?

— Contentons-nous de regarder.

— Foutus dingues, commenta le Martien.

— C'est un mouvement religieux très populaire.

— On se demande bien pourquoi.

— Regardez. Ecoutez.

— Et ils se traînent sur les genoux devant ce bout de réacteur...

On se retournait vers eux. Kirby émit un soupir. Il n'éprouvait personnellement aucune sympathie pour les Vorsters ou leur culte, mais cette profanation bruyante de leur sanctuaire le gênait. Sans plus se soucier de la diplomatie, il attrapa Weiner par le bras, le poussa jusqu'au banc le plus proche et l'obligea à s'agenouiller à côté de lui. Le Martien lui jeta un regard torve. Les colons n'aimaient pas que des étrangers se permettent de les toucher. Rien que pour cela, un Vénusien se serait précipité sur Kirby la dague au point. Mais aussi, aucun Vénusien ne se serait trouvé là, sur Terre, et encore moins à faire le rigolo dans un temple vorster.

Tout à coup, Weiner agrippa la rambarde et se pencha en avant pour observer le service. Dans la demi-obscurité, Kirby cligna des yeux pour essayer de mieux voir l'homme derrière l'autel.

Le réacteur était en marche. Le cube de cobalt 60 brillait, immergé dans l'eau qui absorbait les radiations avant qu'elles ne pénètrent les chairs. Dans l'ombre, Kirby vit s'aviver lentement la faible lueur bleue. Elle gagna en intensité et le treillage qui entourait le minuscule réacteur fut bientôt enveloppé d'une vive clarté d'un blanc bleuté. Une bizarre lueur bleu-vert, presque mauve en son centre, se mit à tournoyer autour de ce foyer. C'était le

Feu Bleu, la sinistre lumière froide de la radiation Cerenkov qui, bientôt, aurait noyé la salle tout entière.

Il n'y avait rien de mystique dans tout cela, Kirby le savait parfaitement. Des électrons se répandaient dans l'eau à une vitesse supérieure à celle de la lumière et, sur leur trajectoire, ils dégageaient un flot de photons. Il existait de belles équations pour expliquer la source du Feu Bleu. Il fallait être honnête : les Vorsters ne prétendaient nullement qu'il s'agissait de quelque chose de surnaturel. Mais l'ensemble constituait un instrument symbolique utile, un catalyseur d'émotions religieuses bien plus pittoresque qu'un crucifix, plus spectaculaire que les Tables de la Loi.

Le Vorster, du fond de la salle, dit d'une voix sereine :

— Il y a une Unité d'où est issue toute vie. L'infinie variété de l'univers, nous la devons au mouvement des électrons. Les atomes se rencontrent, leurs particules se rejoignent. Des électrons sautent d'une orbite à l'autre et des mutations chimiques se produisent.

— Ecoutez-moi ce salaud de croyant, ricana Weiner. Une leçon de chimie... Tu parles !

Au comble de la confusion, Kirby se mordit la lèvre. Une femme, immédiatement devant eux, se retourna et dit à voix basse, d'un ton pressant :

— Je vous en prie ! Je vous en prie ! Taisez-vous...

Elle avait un aspect tellement stupéfiant que Kirby lui-même en eut le souffle coupé. Il émit un hoquet de surprise. Weiner, qui avait déjà vu des femmes chirurgicalement remodelées, n'eut pour ainsi dire aucune réaction.

Des cupules irisées couvraient les emplacements de ses oreilles disparues. Une opale avait été sertie dans son os frontal. Ses paupières étaient en métal brillant. Les chirurgiens avaient trafiqué ses narines, ses lèvres. Peut-être à la suite de quelque horrible accident... Mais il était plus vraisemblable qu'elle avait choisi d'être mutilée pour des raisons esthétiques. Folie. Pure folie...

Le Vorster disait :

– L'énergie du soleil... La verte vie qui monte dans les plantes... L'éclatante merveille de la croissance... Pour tout cela, nous louons l'électron. Les enzymes de notre organisme... Les synapses crépitantes de notre cerveau... Les battements de notre cœur... Pour tout cela, nous louons l'électron. Le combustible et la nourriture, la lumière et la chaleur, le confort et la satiété, tous et chacun procèdent de l'Unité, de la Radiation Immanente...

Une litanie, se dit Kirby. Il vit que, tout autour d'eux, les gens se balançaient au rythme des paroles psalmodiées. Certains hochaient la tête ou pleuraient. Le Feu Bleu grandit et jaillit jusqu'au plafond. L'homme, auprès de l'autel, déploya ses longs bras maigres en une sorte de bénédiction.

– Avancez! Agenouillez-vous, unissez-vous dans la prière! Croisez les bras, courbez vos têtes et rendez grâce à l'Unité profonde de toutes choses!

Les Vorsters se traînèrent en direction de l'autel. Dans l'esprit de Kirby affluèrent des souvenirs de son enfance : le moment de la communion, l'ostie sur la langue, le goût fugace de la brève gorgée de vin, l'odeur de l'encens et le bruissement des robes des prêtres. Il n'avait pas assisté à un service depuis vingt-cinq années. La laideur et le délabrement de ce temple improvisé ne rappelaient en rien l'austère magnificence d'une cathédrale mais, pendant un instant, Kirby éprouva une trace d'émotion religieuse, le besoin fervent de s'avancer avec les autres

17

pour aller s'agenouiller devant le réacteur flamboyant.

Cette pensée le laissa abasourdi, stupéfait.

Comment avait-elle pu s'imposer à lui? Cela n'avait rien à voir avec la religion. C'était un culte, un mouvement qui s'était répandu comme un incendie, une mode passagère qui serait oubliée demain. Deux millions de convertis chaque nuit? Et alors? Demain, après-demain viendrait un autre prophète qui exhorterait les fidèles à plonger leurs mains dans le bain étincelant d'un compteur de scintillations et les temples vorsters seraient désertés. Ceci n'était pas le Rocher, mais les sables mouvants.

Et pourtant, il y avait eu ce bref élan...

Kirby pinça les lèvres. C'était dû à la fatigue d'avoir chaperonné ce Martien déchaîné toute la soirée, se dit-il. Il se foutait éperdument de la céleste Unité. Cette Unité profonde, sous-jacente à toutes choses, ne signifiait rien pour lui. Ce temple était destiné aux malades, aux névrosés, aux amateurs de nouveautés, à ceux qui dépensaient joyeusement leur argent pour se faire couper les oreilles ou fendre les narines. Le fait qu'il ait été sur le point de se joindre aux communiants donnait la mesure de son désarroi.

Il se détendit.

Au même instant, Nat Weiner se dressa d'un bond et s'élança en zigzaguant vers l'autel.

— Sauvez-moi! criait-il. Guérissez mon âme maudite! Montrez-moi l'Unité!

— Mets-toi à genoux avec nous, Frère, dit le chef vorster d'un ton neutre.

— Je suis un pêcheur! brailla Weiner. Je suis plein de corruption et d'alcool! Il faut me sauver! J'embrasse l'électron! Je me soumets!

Kirby se précipita derrière lui. Est-ce que Weiner

était sérieux? Les Martiens étaient bien connus pour leur résistance à toute forme de mouvement religieux, y compris les cultes établis et sincères. Etait-il possible qu'il ait succombé à l'emprise de la diabolique lueur bleue?

– Prends la main de tes Frères, murmura le Vorster. Courbe la tête et laisse la clarté t'envelopper.

Weiner regarda sur sa gauche. La femme remodelée était agenouillée près de lui. Elle tendait la main. Il vit quatre doigts de chair et le cinquième, de quelque métal à l'éclat de turquoise.

– C'est un monstre! hurla-t-il. Enlevez ça! Je ne vous laisserai pas me charcuter!

– Du calme, Frère...

– Vous n'êtes qu'une bande d'imposteurs! Imposteurs! Escrocs! Tous une bande d'...

Kirby arriva sur lui. Il enfonça les doigts dans le dos musculeux du Martien avec suffisamment de force pour qu'il s'en aperçoive.

D'une voix basse, impérative, il lui dit:

– Venez, Nat! Nous partons.

– Enlevez vos sales pattes, espèce de Terrien!

– Nat, je vous en prie... Nous sommes dans un lieu de prière...

– Une maison de dingues, oui! Des dingues! Tous des dingues! Regardez-les! Tous à genoux, comme des fous!

Weiner se redressa avec peine. Sa voix tonna entre les murs.

– Je suis un citoyen libre de Mars! J'ai creusé le désert avec ces mains! J'ai vu les océans se remplir! Et vous, qu'est-ce que vous avez fait? Vous vous êtes vautrés dans la boue! Vous vous êtes coupé les paupières! Et toi, le faux prêtre, tu te paies du bon temps à ramasser leur argent à tous!

Il prit appui sur la rambarde de l'autel, sauta

par-dessus et atterrit dangereusement près du réacteur flamboyant. Les mains en avant, il se rua sur le grand Vorster barbu.

Sans se départir de son calme, le chef du culte tendit un bras immense vers le tourbillon frénétique qu'était devenu Weiner. Du bout des doigts, il effleura la gorge du Martien, l'espace d'une fraction de seconde.

Weiner s'écroula, foudroyé.

★

— Ça va mieux, maintenant? demanda Kirby, la gorge sèche.

Weiner remua.

— Où est cette fille?
— Celle qui s'est fait opérer?
— Non! L'esper. Je veux qu'elle revienne près de moi.

Kirby jeta un coup d'œil à la fille mince aux cheveux bleus. Elle acquiesça, l'air tendu, et prit la main du Martien. Le visage de Weiner était luisant de sueur et ses yeux avaient encore un regard fou. Il se laissa aller en arrière, la tête soutenue par des coussins, les joues creusées.

Ils se trouvaient dans une reniflerie située juste en face du temple vorster. Kirby avait dû se charger seul d'emporter Weiner sur ses épaules. Les Vorsters n'admettaient pas les robots. La reniflerie lui avait paru un endroit pas plus mal qu'un autre pour y conduire son fardeau.

L'esper s'était approchée dès qu'il avait fait son entrée trébuchante dans les lieux. C'était aussi une Vorster, le bleu de sa chevelure l'indiquait, mais elle avait apparemment achevé ses dévotions quotidiennes. Elle parachevait sa journée par une petite inhalation rapide. Dans un mouvement spontané de sympathie, elle s'était penchée pour examiner le visage empourpré et suant de Weiner. Elle demanda à Kirby si son ami avait été frappé de congestion.

— Je ne sais pas trop ce qui lui est arrivé, répliqua Kirby. Il était ivre et il a fait un esclandre dans le temple. Le chef du service lui a touché la gorge.

La jeune femme sourit. Elle avait l'air d'une enfant abandonnée, fragile. Elle ne devait pas avoir plus de dix-huit ou dix-neuf ans. Marquée par la malédiction de son talent de médium.

Elle ferma les yeux, prit la main de Weiner et serra le poignet épais jusqu'à ce que le Martien eût repris connaissance. Kirby n'avait aucune idée de ce qu'elle avait pu faire. Tout cela était mystérieux.

A présent, Weiner, qui récupérait à vue d'œil, s'efforçait de se redresser. Il saisit la main de l'esper et l'étreignit. Elle ne tenta pas de se libérer.

— Avec quoi m'ont-ils frappé? lui demanda-t-il.

— Vous avez subi une altération momentanée de charge. Il a simplement déconnecté votre cœur et votre cerveau pendant un millième de seconde. Ça ne vous laissera aucune trace.

— Comment a-t-il fait? Il m'a juste effleuré avec ses doigts...

— C'est toute une technique. Mais vous serez vite rétabli.

Il la regarda attentivement.

— Vous êtes une esper? Est-ce que vous lisez mes pensées?

— Je suis une esper, mais je ne lis pas vos pensées. Je ne suis qu'une empath. Vous êtes brûlant de haine. Pourquoi ne retournez-vous pas de l'autre côté de la rue? Demandez-lui de vous pardonner. Je sais qu'il le fera. Laissez-le vous apprendre. Avez-vous lu le livre de Vorst?

– Pourquoi n'allez-vous donc pas au diable? répliqua Weiner sur le ton de la conversation. Non, ne partez pas. Vous êtes trop mignonne. Nous avons de mignonnes espers sur Mars. Ça vous dirait de prendre un peu de bon temps ce soir? Mon nom est Nat Weiner et voici mon ami Ron Kirby. *Reynolds* Kirby. C'est un emmerdeur, mais on peut le virer.

Il serra un peu plus fort le bras gracile de la jeune esper.

– Qu'est-ce que vous en dites?

La jeune esper ne répondit pas. Elle fronça simplement les sourcils. Weiner fit une grimace bizarre et lui lâcha le bras. Kirby eut de la peine à réprimer un sourire. Weiner n'arrêtait pas de se mettre dans des situations impossibles. Ce monde était bien compliqué.

– Allez de l'autre côté de la rue, murmura la jeune femme. Là-bas, on vous aidera.

Elle se détourna sans attendre de réponse et disparut dans l'obscurité. Weiner se passa la main sur le front comme pour se débarrasser d'invisibles toiles d'araignée. Il se releva sans aide, péniblement, dédaignant le bras que lui offrait Kirby.

– Où est-ce que nous sommes, ici? demanda-t-il.
– Dans une reniflerie.
– Est-ce qu'ils vont me faire un sermon?
– Seulement vous embrumer un peu le cerveau, dit Kirby. Vous voulez essayer?
– Naturellement. Je vous ai dit que je voulais tâter de tout. Ce n'est pas tous les jours que j'ai la chance d'être sur la Terre.

Weiner sourit, mais d'un sourire sans gaieté. Il semblait avoir perdu son entrain. Evidemment, s'être fait assommer par un Vorster l'avait légèrement dégrisé. Pourtant, il était toujours d'attaque, prêt à se plonger dans tous les vices que cette planète perverse avait à lui offrir.

Kirby se demanda jusqu'à quel point l'impression qu'il avait de bousiller cette mission était justifiée. Pas moyen d'en être certain... pas encore. Plus tard, évidemment, Weiner pourrait fort bien se plaindre du traitement qui lui avait été infligé et Kirby se trouverait rapidement transféré à un poste exigeant moins de doigté. Cette pensée n'avait rien d'agréable. Il considérait sa carrière comme une chose importante, peut-être comme la seule chose au monde qui comptait pour lui. Et il ne tenait pas à la ruiner en l'espace d'une nuit.

Ils se dirigèrent vers les cabines d'inhalation.

— Dites-moi, demanda Weiner, est-ce que les gens croient vraiment à toute cette salade sur l'électron ?

— Je n'en sais rien, à vrai dire. Je n'ai pas étudié la question, Nat.

— Vous avez vu naître le mouvement. Combien compte-t-il d'adeptes, maintenant ?

— Environ deux millions, à mon avis.

— Ce n'est pas mal. Nous ne sommes que sept millions en tout sur Mars. S'il y a autant de gens pour adhérer à ce culte de cinglés...

— Depuis quelque temps, quantité de nouvelles sectes religieuses ont fait leur apparition, expliqua Kirby. Nous vivons une époque apocalyptique. Les gens ont soif de réconfort. Ils sentent que le cours des événements est trop rapide sur la Terre. Alors ils cherchent une unité, un moyen d'échapper à la confusion et à la fragmentation générales.

— Ils n'ont qu'à venir sur Mars s'ils veulent de l'unité. Nous avons du travail pour tout le monde, et pas de temps à perdre pour méditer sur la totalité de ça. (Weiner s'esclaffa.) Qu'ils aillent au diable! Parlez-moi plutôt de ce truc qu'on renifle.

– L'opium est passé de mode. Nous avons adopté un produit plus exotique : le mercaptan. On dit qu'il procure des hallucinations distrayantes.

– *On dit?* Vous ne le savez pas? Vous n'avez donc aucune expérience personnelle *de rien*, Kirby? Mais vous n'êtes pas vivant! Vous êtes un zombi. Il faut avoir des vices, Kirby!

Le représentant de l'O.N.U. songea à la Chambre du Néant qui l'attendait dans la haute tour de Tortola la douce. Son visage n'était plus qu'un masque rigide. Il répliqua :

– Nous n'avons pas tous le loisir d'avoir des vices. Mais cette visite que vous nous faites, Nat, va être pour moi l'occasion de parfaire mon éducation. Prenez une bouffée.

Un robot roula dans leur direction. Kirby appuya son pouce droit sur la plaque jaune pâle sertie dans le torse métallique. La plaque s'éclaira pour enregistrer l'empreinte digitale de Kirby.

– Nous adresserons la facture à votre Central, dit le robot.

Sa voix était ridiculement grave. Défaut de diapason sur la bande centrale de lecture, diagnostiqua Kirby. Quand l'être de métal s'éloigna, il remarqua qu'il marchait légèrement incliné sur la droite. Les tripes rouillées, pensa-t-il. Une chance sur deux que la facture soit transmise.

Il prit un masque respiratoire et le tendit à Weiner qui s'étendit confortablement sur le divan disposé le long de la paroi de la cabine. Le Martien ajusta le masque sur son visage. Kirby en prit un autre et le posa sur son nez et sa bouche. Il ferma les yeux et se carra dans le siège de mousse, près de l'entrée de la cabine. Un instant passa, puis il sentit le gaz s'infiltrer dans ses fosses nasales. C'était une odeur écœurante, sulfureuse, douceâtre et acidulée.

Il attendit l'hallucination.

Il y avait des gens qui passaient tous les jours des heures dans ces cabines, il le savait. L'Etat augmentait constamment ses impôts pour décourager les intoxiqués, mais ils continuaient d'affluer malgré tout, même à dix, vingt, trente dollars l'inhalation. Le gaz n'intoxiquait pas à proprement parler. Pas comme l'héroïne, au niveau du métabolisme. Il provoquait une sorte d'intoxication psychologique, une accoutumance qu'on pouvait rompre si on le voulait, mais dont personne ne cherchait à se débarrasser. C'était comme le sexe, l'éthylisme mesuré. Pour certains, c'était devenu une espèce de religion. A chacun sa foi. Ce monde surpeuplé comptait tant de croyances...

Une femme faite de diamants et d'émeraudes venait de faire son apparition dans le cerveau de Kirby.

Les chirurgiens avaient ôté jusqu'à la plus infime parcelle de chair vive de son corps. Ses yeux avaient l'éclat froid des gemmes, ses seins étaient des globes d'onyx blanc avec des pointes de rubis. Ses lèvres étaient des plaques d'albâtre et sa chevelure était de brins d'or. Une flamme bleue dansait autour d'elle. Le feu vorster, aux crépitements étranges.

La femme dit :

— Vous êtes las, Ron. Vous avez besoin de vous changer les idées.

— Je sais. Maintenant, je passe un jour sur deux dans la Chambre du Néant. Je lutte contre la dépression nerveuse.

— Vous êtes trop tendu, voilà ce qui vous rend malade. Pourquoi n'iriez-vous pas voir mon chirurgien? Faites-vous transformer. Débarrassez-vous de cette viande ridicule. Car je vous le déclare : la chair et le sang ne peuvent hériter le Royaume des Cieux, car il est écrit que ce qui est corrompu n'héritera point de l'incorruptible.

— Non, marmonna Kirby. Ce n'est pas ça. Tout ce qu'il me faut, c'est du repos. Nager, dormir, me dorer au soleil. Mais ils m'ont fichu ce Martien dingue sur les bras.

L'hallucination eut un rire en trille et ses bras ondulèrent selon un lent mouvement de spirale. Ses doigts avaient été coupés et remplacés par des pointes d'ivoire. Les ongles étaient en cuivre poli. La langue espiègle qui se montrait entre les lèvres d'albâtre était un serpent de flexiplast rutilant.

— Voyez, ronronna-t-elle avec des accents voluptueux, je vous dévoile un mystère. Nous ne dormirons pas tous, mais tous nous serons métamorphosés.

— En un instant, dit Kirby. En un clin d'œil. La trompette résonnera.

— Et les morts se relèveront et ils seront incorruptibles. Faites-le, Ron. Vous aurez l'air tellement plus beau. Peut-être cela vous permettra-t-il de faire durer un peu plus longtemps votre prochain mariage... Elle vous manque, avouez-le. Vous devriez la voir telle qu'elle est en ce moment. C'est par neuf mètres de fond que repose votre bien-aimée. Mais elle est heureuse. Car l'être corrompu doit devenir incorruptible et l'être mortel revêtir l'immortalité.

— Je suis un être humain! protesta Kirby. Je ne vais pas me transformer en pièce de musée ambulante comme vous. Ou comme elle, d'ailleurs. Même si la mode y venait pour les hommes.

La lueur bleue se mit à palpiter et à vibrer autour de la vision qui habitait son cerveau.

– Il vous faut quelque chose, Ron. La Chambre du Néant n'est pas la bonne solution. C'est... du néant. Affiliez-vous. Rattachez-vous. Le travail non plus n'est pas la bonne solution. Faites partie de quelque chose. Adhérez. Vous ne voulez pas vous charcuter? D'accord, alors devenez vorster. Abandonnez-vous à l'Unité. Que la victoire engloutisse la mort.

– Ne puis-je donc rester moi-même? s'exclama Kirby.

– Ce que vous êtes n'est pas suffisant. Pas maintenant. Plus maintenant. Nous vivons des temps difficiles. Dans un monde troublé. Les Martiens se moquent de nous. Les Vénusiens nous méprisent. Nous avons besoin d'une organisation nouvelle, d'une rénovation de nos forces. L'aiguillon de la mort est dans le péché, et la force du péché est la loi. Mort, où est ta victoire?

Des couleurs tourbillonnèrent en un arc-en-ciel frénétique dans l'esprit de Kirby. La femme remodelée par les chirurgiens pirouettait, oscillait et sautait dans le flamboiement provocant de son corps de joyaux. Kirby eut un frisson. Il agrippa nerveusement le masque. Il avait payé pour ce cauchemar? Comment les gens pouvaient-ils s'accoutumer à cette chose... cette plongée dans les tourbières de l'esprit?

Il arracha enfin le masque et le jeta sur le sol de la cabine. Il aspira avidement l'air pur dans ses poumons, battit des paupières et émergea dans la réalité.

Il était seul!

Weiner, le Martien, avait disparu.

★

Le robot qui exploitait la reniflerie ne lui fut d'aucun secours.

– Où a-t-il pu aller? demanda Kirby.

– Il est parti, dit la voix rouillée. Dix-huit dollars soixante. Nous adresserons la facture à votre Central.

– A-t-il dit où il allait?

– Nous n'avons pas conversé. Il est parti. *Crrcc!* Nous n'avons pas conversé. Nous adresserons la facture à votre Central. *Crrcc!*

En crachant un juron, Kirby se précipita dans la rue. Il jeta machinalement un coup d'œil vers le ciel. Sur le fond obscur, il vit les lettres jaune citron de l'horloge lumineuse qui se déployaient dans le firmament, éclaboussées de rouge:

22 H 05
TEMPS CÔTE EST
MERCREDI 8 MAI 2077
OFFREZ-VOUS DES CRUIKTICOK...
ILS CROQUENT!

Encore deux heures avant minuit. Plus qu'il n'en suffisait pour que le colon fou se colle dans une sale histoire. La dernière chose que pût souhaiter Kirby: un Weiner ivre, ou bien halluciné, lâché en liberté dans New York. Cette mission n'avait pas pour seul but d'être une démonstration d'hospitalité. Kirby devait également surveiller Weiner. Des Martiens étaient déjà venus en visite sur Terre. La société libertaire était un vin qui leur montait facilement à la tête.

Où était donc Weiner?

Le temple vorster était un endroit possible. Weiner avait pu y retourner pour faire un nouveau scandale. Ruisselant de sueur par tous ses pores, Kirby se faufila entre les larmes lancées à pleine turbine et se précipita dans le taudis réservé au culte. Le service se poursuivait. Mais Weiner n'était apparemment pas là. Tous les fidèles étaient docilement agenouillés et l'on n'entendait ni clameurs ni éclats de rire d'ivrogne. Kirby s'avança silencieusement dans l'allée étroite, examinant chaque banc. Non, Weiner n'était pas là.

La fille remodelée au bistouri était encore présente. En le voyant, elle lui sourit et tendit la main. Pendant un instant, Kirby eut l'impression bizarre d'être relancé en pleine hallucination. Il en eut la chair de poule. Puis il se maîtrisa, esquissa un pâle sourire de politesse et se hâta de déguerpir du temple.

Il sauta sur le glissoir et se laissa emporter au hasard à trois blocs de là. Pas de Weiner. Kirby quitta le glissoir. Il se trouvait devant des Chambres de Néant publiques où, pour vingt dollars de l'heure, chacun pouvait jouir de la volupté de l'oubli. Peut-être Weiner y était-il entré, dans son ardeur à essayer tous les divertissements destructeurs de pensée que la cité pouvait offrir.

Kirby entra.

Le service, ici, n'était pas assuré par des robots.

Un patron en chair et en os s'avança. C'était un monceau de plus de cent kilos, aux multiples mentons. Ses petits yeux noyés dans la graisse examinèrent Kirby avec indécision.

— Vous voulez vous reposer une heure, l'ami?

— Je cherche un Martien, lâcha Kirby. A peu près grand comme ça, avec des épaules larges, des pommettes saillantes.

— Pas vu.

— Ecoutez, il est peut-être dans un de vos réservoirs. C'est important. Cela regarde l'O.N.U.

— Même si ça regarde le Tout-Puissant, je vous dis que je ne l'ai pas vu.

Le gros tas ne jeta qu'un bref coup d'œil à la plaque d'identité de Kirby.

— Qu'est-ce que vous attendez de moi? Que je vous ouvre les réservoirs?... Il ne s'est pas montré ici.

— S'il vient, ne le laissez pas entrer, supplia Kirby. Faites-le patienter et téléphonez immédiatement à la Sûreté de l'O.N.U.

— S'il le demande, je dois l'admettre. Nous exploitons un établissement public, mon vieux. Vous voulez me créer des ennuis? Ecoutez, vous avez l'air crevé. Pourquoi vous ne vous plongeriez pas dans un réservoir pour un petit moment? Ça vous ferait un bien immense. Merveilleux. Vous vous sentiriez...

Kirby avait fait demi-tour. Il sortit en courant. Il ressentait au creux de l'estomac une nausée, probablement due à l'hallucinogène. Il éprouvait aussi de la peur et une sacrée dose de colère. Il imaginait Weiner assommé dans quelque sombre ruelle, son corps robuste habilement disséqué par les trafiquants d'organes. Fin honorable, certes, mais qui endommagerait sérieusement la réputation d'homme de confiance de Kirby. Mais il était plus probable que Weiner, fonçant tête baissée comme un taureau lâché dans Pampelune, se flanquerait tôt ou tard dans un pétrin terrible d'où il serait foutrement difficile de le tirer.

Kirby se demandait dans quelle direction porter ses recherches. Une communicabine lui apparut, à l'angle de la rue. Il s'y engouffra et opacifia les écrans avant d'introduire sa plaque d'identité dans la fente et d'appeler la Sûreté de l'O.N.U.

Le petit écran obscur s'éclaircit. Le visage rond et barbu de Lloyd Ridblom apparut.

– Equipe de nuit, j'écoute, dit-il. Hello, Ron! Où est votre Martien?

– Je l'ai perdu. Il m'a semé dans une reniflerie.

Ridblom réagit instantanément.

– Voulez-vous que je lui colle un télévecteur?

– Pas encore, dit Kirby. Je préfère qu'il ne sache pas que sa disparition nous inquiète. Dirigez plutôt le vecteur sur moi et gardez le contact. Et organisez le ratissage habituel pour le trouver. S'il se montre, faites-le moi savoir aussitôt. Je rappellerai dans une heure pour modifier les instructions s'il n'y a rien de nouveau d'ici là.

– Il a peut-être été kidnappé par des Vorsters, suggéra Ridblom. Ils lui pompent le sang pour servir de vin de messe.

– Allez vous faire voir, grommela Kirby.

Il sortit de la cabine et se frotta les yeux. Lentement, machinalement, il regagna le glissoir et revint au temple vorster. Quelques personnes en sortaient, et notamment la fille aux conques irisées. Ça ne lui suffisait donc pas de hanter ses hallucinations, il fallait encore qu'elle croise aussi sa route dans la vie réelle.

– Hello! fit-elle. (Au moins, se dit-il, sa voix était douce.) Je m'appelle Vanna Marshak. Où est votre ami?

– C'est ce que je me demande. Il a disparu il y a un moment.

– Etes-vous responsable de lui?

– En tout cas, je suis censé veiller sur lui. C'est un Martien, voyez-vous.

– Je l'ignorais. Il est visiblement hostile à la Fraternité, n'est-ce pas? C'était navrant, le scandale

31

qu'il a fait pendant le service. Il doit être terriblement malade.

— Terriblement saoul, dit Kirby. Cela arrive à tous les Martiens qui viennent ici. Les barrières sont levées pour eux et ils se croient tout permis. Puis-je vous offrir un verre? ajouta-t-il machinalement.

— Merci, je ne bois pas. Mais je vous tiendrai compagnie, si vous en voulez un.

— Ce n'est pas que j'en veuille vraiment un, mais j'en ai affreusement besoin.

— Vous ne m'avez pas dit votre nom...

— Ron Kirby. Je suis aux Nations unies. Un petit bureaucrate. Non, j'exagère, un fonctionnaire important qui est payé comme un petit. Nous pouvons entrer ici.

Il poussa le contact d'admission du bar, juste au coin de la rue. La porte diaphragma pour les laisser entrer. La fille avait un sourire chaleureux. Elle devait avoir la trentaine, pensa Kirby. Mais c'était difficile à dire, avec cette quincaillerie en guise de visage.

— Un rhum filtré, dit-il.

Vanna Marshak se pencha vers lui. Il ne connaissait pas son parfum subtil.

— Pourquoi l'avez-vous amené dans la maison de la Fraternité? demanda-t-elle.

Il vida son verre comme si c'était du jus de fruits.

— Il voulait voir à quoi ressemblaient les Vorsters. Alors je l'ai fait entrer.

— Je crois comprendre que vous n'êtes pas personnellement un sympathisant...

— Je suis sans opinion, à vrai dire. J'ai trop à faire pour m'en occuper.

— Ce n'est pas vrai, dit-elle gentiment. Vous pen-

sez que c'est un culte de cinglés, n'est-ce pas?
Il commanda un second verre.
– Bon, admit-il, c'est vrai. C'est ce que je pense. C'est une opinion comme ça, qui ne repose sur aucune information précise.
– Vous n'avez pas lu le livre de Vorst?
– Non.
– Si je vous en donne un exemplaire, le lirez-vous?
– Quel bonheur! s'exclama-t-il. Une prosélyte au cœur d'or...
Il rit. Il se sentait de nouveau ivre.
– Ce n'est pas tellement drôle, dit-elle. Vous êtes également hostile au remodelage chirurgical, n'est-ce pas?
– Ma femme s'était fait faire une chirurgie faciale totale, quand elle vivait encore avec moi. Ça m'a mis tellement en colère qu'elle m'a quitté. Il y a trois ans. Elle est morte, à présent. Elle et son amant ont péri dans un accident de fusée au large de la Nouvelle-Zélande.
– Je suis vraiment navrée, dit Vanna Marshak. Mais je ne me serais pas fait faire ça si j'avais connu Vorst à cette époque. Je ne me sentais pas sûre de moi. J'étais inquiète. Aujourd'hui, je sais où je vais... Mais il est trop tard pour retrouver mon vrai visage. D'ailleurs, je trouve celui-ci plutôt joli.
– Ravissant, dit Kirby. Parlez-moi de Vorst.
– C'est très simple. Il veut rétablir les valeurs spirituelles dans le monde. Il veut que nous prenions tous conscience de notre nature et de nos idéaux.
– Ce que nous pouvons exprimer par la contemplation de la radiation Cerenkov dans des taudis, commenta Kirby.
– Le Feu Bleu n'est qu'un accessoire. C'est le message qui compte. Vorst veut que l'humanité aille

vers les étoiles. Il veut que nous sortions de notre gabegie et de notre confusion pour commencer à développer nos vrais talents. Il veut sauver les espers qui sombrent tous les jours dans la démence, les encadrer, les faire travailler pour que se réalise la prochaine étape du progrès humain.

— Je comprends, dit Kirby avec gravité. Et quelle est cette étape?

— Je vous l'ai dit: aller dans les étoiles. Croyez-vous que nous puissions nous en tenir à Mars et Vénus? Là-bas, il y a des millions de planètes qui attendent que l'homme trouve le moyen de les atteindre. Vorst connaît ce moyen. Mais cela exige la réunion de toutes les énergies mentales, une alliance, une...

» Oh, je sais que ça semble plutôt mystique. Mais ce n'est pas idiot. Et cela guérit aussi les âmes en peine. C'est le but à court terme: la communion, l'apaisement des blessures. Et le but à long terme, c'est d'atteindre les étoiles. Bien sûr, il nous faut surmonter les frictions entre les planètes, amener les Martiens à se montrer plus tolérants, rétablir d'une manière ou d'une autre le contact avec la population de Vénus, s'il lui reste encore quelque chose d'humain. Vous vous rendez compte qu'il y a là des possibilités, que ce n'est pas du verbiage, de l'escroquerie?

Kirby ne se rendait absolument pas compte. Pour lui, tout cela était fumeux et incohérent. Vanna Marshak avait une voix douce, persuasive, et elle faisait preuve d'une ardeur qui la rendait attrayante. Il pouvait même lui pardonner ce qu'elle avait laissé faire à son visage par les virtuoses du bistouri. Mais en ce qui concernait Vorst...

Le communicateur, dans sa poche, émit un *bip*. Ridblom lui signifiait d'appeler immédiatement le bureau. Il se leva.

– Excusez-moi un instant. Il faut que je m'occupe de quelque chose d'important.

Il traversa en titubant la salle, se ressaisit, prit une profonde inspiration et entra dans la cabine. Il réussit à glisser sa plaque dans la fente et, les doigts tremblants, composa le numéro.

Ridblom apparut sur l'écran.

– On a trouvé votre type, annonça-t-il de but en blanc.

– Mort ou vif?

– Vivant, malheureusement. Il est à Chicago. Il est passé au Consulat de Mars, a emprunté mille dollars à la femme du consul et tenté de la violer par la même occasion. Elle s'en est débarrassée et a appelé la police qui nous a prévenus. Nous avons maintenant une patrouille de cinq hommes à ses trousses. Il est en route pour une cellule vorster dans Michigan Boulevard, complètement saoul. Est-ce qu'il faut l'intercepter?

D'angoisse, Kirby se mordit la lèvre.

– Non, non. Il jouit de l'immunité, de toute façon. Laissez-moi faire. Y a-t-il un hélicoptère dans le port de l'O.N.U.?

– Oui, mais il vous faudra au moins quarante minutes pour arriver à...

– C'est bien suffisant. Voilà ce que je vous demande de faire : procurez-vous la plus mignonne esper que vous pourrez dénicher à Chicago, une empath par exemple, une belle fille, de type oriental si possible, dans le genre de celle qui a grillé à Kyoto la semaine dernière. Plantez-la entre Weiner et ce temple vorster et lâchez-la sur lui. Qu'elle l'enveloppe de toutes ses séductions. Qu'elle se débrouille pour gagner du temps jusqu'à ce que j'arrive. Si elle doit y perdre son honneur, dites-lui qu'elle aura droit à une généreuse compensation financière. Si vous ne trouvez pas d'esper, mettez le grappin sur une femme de la police du genre persuasif. Ce que vous voudrez...

— Je n'en vois vraiment pas la nécessité, dit Ridblom. Les Vorsters sont capables de se débrouiller seuls. Je crois qu'ils ont un truc mystérieux pour paralyser les trouble-fête sans qu'ils...

— Je sais, Lloyd. Mais Weiner a déjà été assommé comme ça cet après-midi. Pour autant que je sache, une deuxième secousse risquerait de lui être fatale. Cela mettrait tout le monde dans une situation plutôt délicate. Contentez-vous de lui barrer la route.

Ridblom haussa les épaules :

— Que votre volonté soit faite.

Kirby quitta la cabine. Il était maintenant complètement dégrisé. Vanna Marshak était toujours assise au bar, là où il l'avait laissée. A cette distance et sous cet éclairage, ses traits artificiels étaient presque jolis.

Elle lui sourit :

— Eh bien ?...

— Ils l'ont retrouvé. Il est allé Dieu sait comment à Chicago et il est sur le point de faire du scandale à la chapelle vorster, là-bas. Il faut que j'aille l'attraper au lasso.

— Soyez gentil avec lui, Ron. C'est un homme tourmenté. Il a besoin d'être aidé.

— Est-ce que nous n'en sommes pas tous là ?

Kirby cligna brusquement des yeux. L'idée d'entreprendre seul ce voyage jusqu'à Chicago lui était soudain désagréable.

— Vanna ?

— Oui ?

— Est-ce que vous avez quelque chose d'urgent à faire durant les deux prochaines heures ?

★

L'hélicoptère survolait le pétillement des feux de Chicago. Tout en bas, Kirby distinguait le voile satiné du lac Michigan et les splendides tours de mille cinq cents mètres de hauteur qui se dressaient sur ses rives. Haut dans le ciel de nuit, l'horloge locale annonçait en caractères chartreuse et bleu roi :

23 H 31
TEMPS CENTRAL
MERCREDI 8 MAI 2077
LA BAIE DU DÉSIR
LES PLUS BELLES RÉALISATIONS IMMOBILIÈRES
MIEUX QUE LA VUE :
LE COUP D'ŒIL !

— On descend, ordonna Kirby.

Le pilote-robot dirigea l'appareil vers la base d'atterrissage. Il était exclu, évidemment, de s'exposer aux courants d'air qui soufflaient en tempête dans ces gorges profondes : il leur faudrait utiliser un héliport aménagé sur les toits. Ils se posèrent en douceur. Kirby et Vanna débarquèrent en toute hâte. Depuis Manhattan, elle n'avait cessé de lui dispenser le catéchisme vorster et, à présent, il ne savait plus au juste si le culte était une totale ineptie, une redoutable conspiration contre le bien-être public, ou encore une croyance profonde et sincère d'une haute élévation spirituelle... A moins que ce ne fût un peu des trois.

Il pensait avoir saisi l'idée générale. Vorst avait combiné une religion éclectique en empruntant le confessionnel au catholicisme, en prenant une part de l'athéisme de l'ur-bouddhisme et en ajoutant une dose de réincarnation hindouiste. Le tout lardé de petits pièges technologiques ultra-modernes, avec un réacteur nucléaire derrière chaque autel et un bon bourrage de crâne sur le sacro-saint électron. Mais il était aussi question de lier entre elles les âmes des espers afin de fournir l'énergie nécessaire pour gagner les étoiles, d'une communion des esprits non espers eux-mêmes et – le plus étonnant de tout, la grande idée de vente – d'immortalité.

D'immortalité véritable, et non de réincarnation. Non pas l'espérance du nirvâna, mais la vie éternelle pour chaque être, dans son corps, dans sa chair.

Dans l'état actuel de surpopulation de la planète, l'immortalité était loin d'être la préoccupation première de tout homme sain d'esprit. L'immortalité des autres, en tout cas. Bien sûr, on est toujours disposé à envisager la prolongation de son propre temps de vie, non? Vorst prêchait la vie éternelle du corps et les gens achetaient. En huit années, le culte était passé d'une unique cellule à un millier, de cinquante adeptes à plusieurs millions. Les vieilles religions faisaient faillite. Vorst distribuait de belles pièces dorées et scintillantes et, même si elles étaient fausses, ses fidèles mettraient un certain temps à s'en apercevoir.

L'hélicoptère toucha le sol.

– Venez, dit Kirby. Nous n'avons pas de temps à perdre.

Il dévala rapidement la passerelle de débarquement et se retourna pour prendre la main de Vanna Marshak et l'aider à franchir les dernières marches. En courant, ils traversèrent l'aire d'atterrissage de la terrasse pour gagner le puits de descente. En cinq secondes vertigineuses, ils se retrouvèrent au rez-de-chaussée. Les policiers les attendaient avec trois Larmes ultra-rapides.

— Il est à un bloc du temple vorster, citoyen Kirby, dit un des policiers. L'esper le fait tourner en rond depuis une demi-heure, mais il est entêté. Il veut absolument y aller.

— Et qu'est-ce qu'il veut faire?

— Prendre le réacteur. Il dit qu'il va l'emporter sur Mars pour qu'il serve au moins à quelque chose d'utile.

Le blasphème fit sursauter Vanna. Kirby haussa les épaules, se rencoigna dans son siège et regarda défiler les rues. La Larme s'arrêta enfin et il aperçut Weiner. La fille qui était avec lui était belle, bien en chair, plutôt excitante. Un bras passé sous celui de Weiner, elle se serrait contre lui et murmurait dans le creux de son oreille. Le Martien eut un rire dur, la serra violemment contre lui, puis la repoussa. Elle s'accrocha à lui. Quel numéro! songea Kirby. La rue avait été dégagée. Les policiers et deux des hommes de Ridblom observaient la scène de loin.

Kirby s'avança et fit un geste à l'adresse de la fille. Elle devina immédiatement qui il était, dégagea son bras de celui de Weiner et s'écarta. Le Martien se retourna brusquement.

— Vous m'avez retrouvé, hein?

— Je ne voulais pas que vous fassiez quelque chose que vous puissiez regretter plus tard.

— C'est très chic de votre part, Kirby. Eh bien, puisque vous êtes ici, vous serez mon complice. Je me rends au temple vorster. Ils gaspillent de la bonne matière fissile dans leurs réacteurs. Pendant que vous détournerez l'attention du prêtre, je m'emparerai de ce satané phare bleu, et nous serons heureux pour le restant de nos jours. Mais faites attention à ne pas vous laisser foudroyer. Ça n'a rien de marrant.

— Nat...

– Ecoutez, mon vieux, est-ce que vous êtes de mon côté, oui ou non?

Weiner désigna le temple. Le bâtiment se trouvait en contrebas, à un bloc de distance, de l'autre côté de la rue. Apparemment, il était aussi lépreux que celui de Manhattan.

Weiner se mit en marche dans sa direction.

Kirby eut un regard hésitant à l'adresse de Vanna. Puis il s'élança derrière le Martien, conscient qu'elle le suivait.

A l'instant où Weiner atteignait le seuil du temple, Vanna s'élança et lui barra la route.

– Attendez, dit-elle. N'entrez pas ici pour y faire du scandale.

– Fichez-moi le camp, espèce de pute de carnaval!

– Je vous en prie, dit-elle d'une voix douce. Vous êtes un homme tourmenté. Vous n'êtes pas en harmonie avec vous-même, et encore moins avec le monde qui vous entoure. Entrez avec moi, laissez-moi vous montrer comment prier. Vous avez beaucoup à gagner ici. Si seulement vous vouliez ouvrir votre âme, votre cœur, au lieu de vous pétrifier dans votre haine, dans cette obstination d'ivrogne à ne pas voir...

Il la gifla. D'un revers violent, en plein visage. Les remodelages chirurgicaux sont fragiles. Ils n'ont pas été prévus pour le combat. Vanna tomba à genoux avec un gémissement, le visage dans les mains. Elle était toujours en travers du chemin de Weiner. Il ramena la jambe en arrière, comme s'il se préparait à lui lancer un coup de pied. C'est alors que Reynolds Kirby oublia qu'il était payé pour être diplomate.

Il s'avança, saisit Weiner par le coude et le fit pivoter. Le Martien perdit l'équilibre et s'accrocha à lui pour se retenir. D'un coup sec, Kirby l'obligea à lâcher prise, leva le poing et cogna de toutes ses forces dans le ventre musclé de l'autre.

Avec un faible soupir, Weiner bascula en arrière. En trente ans, jamais Kirby n'avait frappé un être humain sous l'empire de la colère. Ce n'est qu'à ce moment qu'il prit conscience du plaisir sauvage que l'on pouvait tirer d'un geste aussi primitif. L'adrénaline afflua en lui. Il frappa Weiner une seconde fois, juste en dessous du cœur. Le Martien, l'air très surpris, s'effondra à la renverse.

– Debout! lança Kirby, presque fou furieux.

Vanna l'attrapa par la manche.

– Ne le frappez plus, murmura-t-elle.

Ses lèvres de métal semblaient froissées, ses joues étaient ruisselantes de larmes.

– Je vous en prie. Ne le frappez plus.

Weiner était resté sur place, remuant vaguement la tête. Une nouvelle silhouette s'avança, un petit homme au visage tanné qui devait avoir dépassé la cinquantaine. Le consul de Mars. Kirby sentit son estomac se nouer.

– Je suis profondément désolé, citoyen Kirby, dit le consul. Il a complètement perdu la tête, n'est-ce pas? Eh bien, nous allons maintenant le prendre en charge. Il faut que quelqu'un de son peuple lui explique qu'il s'est comporté en imbécile.

– C'est... c'est ma faute, balbutia Kirby. Je l'ai perdu de vue. Il ne faut pas lui en vouloir. Il...

– Nous comprenons parfaitement, citoyen Kirby.

Le consul eut un sourire aimable, fit un geste et hocha la tête tandis que trois infirmiers s'avançaient et saisissaient Weiner à bras-le-corps.

Brusquement, la rue fut vide. Kirby, épuisé, ahuri, se retrouva devant le temple vorster avec Vanna. Tous les autres avaient disparu. Et Weiner aussi, comme un mauvais rêve. La soirée n'avait pas été un succès, songea-t-il. En tout cas, c'était fini.

Bon, il fallait rentrer à la maison.

Dans une heure et demie, il serait à Tortola. Un petit bain solitaire dans l'eau tiède de l'océan, et puis, demain, une demi-heure dans la Chambre du Néant. Non, une heure... Il faudrait bien cela pour réparer les dégâts de cette nuit, se dit Kirby. Une heure de dissociation, à dériver dans la marée amniotique, à l'abri, bien au chaud, loin des agressions du monde. Une heure d'évasion bienheureuse, en toute lâcheté. Magnifique. Merveilleux.

– Voulez-vous entrer, maintenant? demanda Vanna.

– Dans la chapelle?

– Oui. Je vous en prie.

– Il est tard. Je vais vous ramener directement à New York. Nous paierons toutes les réparations que nécessitera... votre visage. L'hélicoptère nous attend.

– Laissez-le attendre, dit-elle. Entrez.

– Il faut que je rentre chez moi.

– Cela aussi peut attendre. Accordez-moi deux heures de votre compagnie, Ron. Asseyez-vous simplement et écoutez ce que l'on a à vous dire. Venez jusqu'à l'autel avec moi. Ecoutez, simplement. Ça vous détendra, je vous le promets.

Kirby regarda son visage déformé, artificiel. Sous les paupières grotesques, il vit des yeux véritables, brillants, au regard suppliant. Pourquoi insistait-elle autant? Versait-on une prime de salut pour chacune des âmes ramenée au Feu Bleu? Ou bien, se demanda Kirby, était-il possible qu'elle eût vraiment la foi? Que son cœur et son âme fussent totalement engagés dans ce mouvement? Qu'elle fût sincère dans sa conviction que les adeptes de Vorst vivraient éternellement pour voir un jour les hommes atteindre les lointaines étoiles?

Il était si las.

Il se demandait comment les responsables de la Sûreté au ministère réagiraient si un haut fonctionnaire comme lui versait dans le vorstérisme.

Il se demandait aussi s'il avait encore une carrière à protéger après son échec de ce soir. Que lui restait-il à perdre? Dans la chapelle, au moins, il pourrait se reposer un peu. Sa tête menaçait d'éclater. Peut-être une esper pourrait-elle lui masser les lobes frontaux pendant un moment?

Les espers, après tout, étaient naturellement attirées par les chapelles vorsters, non?

Celle-ci semblait exercer une certaine attraction sur lui. Il avait fait de son travail sa religion, mais était-ce suffisant? En cet instant, il se le demandait.

L'inscription sur la porte disait:

FRATERNITÉ
DE LA RADIATION IMMANENTE
VENEZ TOUS
VOUS POUVEZ MAINTENANT
NE JAMAIS MOURIR
SOYEZ EN HARMONIE
AVEC LE TOUT

— Vous voulez entrer? demanda à nouveau Vanna.

— D'accord, grommela Kirby. J'accepte. Allons nous mettre en harmonie avec le Tout.

Elle lui prit la main. Ils franchirent le seuil.

Une dizaine de personnes étaient agenouillées sur les bancs. Tout au fond, l'officiant était en train de manipuler les leviers de freinage du petit réacteur et une pâle lueur bleutée commençait à se répandre dans la salle. Vanna conduisit Kirby jusqu'au dernier rang. La lueur devenait maintenant plus vive. Elle projetait des reflets étranges sur le petit homme replet, à l'expression intense. De verdâtres, ces reflets devinrent mauves, puis bleus.

Le Feu Bleu des Vorsters.

L'opium du peuple, se dit Kirby. En traversant son esprit, le cliché éveilla des échos ridiculement cyniques.

Qu'était donc la Chambre du Néant, sinon l'opium de l'élite?

Et les renifleries? Que faisait-il des renifleries? Ici, au moins, on se préoccupait de l'esprit, de l'âme, et non du corps.

— Mes Frères, entonna l'homme, et sa voix était douce, embrumée, nous célébrons ici l'Unité sous-jacente. L'homme et la femme, l'étoile et la pierre, l'arbre et l'oiseau, tous sont composés d'atomes, et ces atomes sont faits de particules qui se déplacent à des vitesses vertigineuses. Les électrons, mes frères... Ils nous montrent le chemin de la paix, avec clarté, tout comme je veux vous le montrer aujourd'hui...

Reynolds Kirby courba la tête. Tout soudain, il ne pouvait supporter la vision de ce réacteur éblouissant. Quelque chose palpitait dans son crâne. Il était vaguement conscient de la présence de Vanna auprès de lui, souriante, chaleureuse, si proche...

J'écoute, se dit-il. *Continuez. Dites-moi! Dites-moi! Je veux entendre! Dieu, aidez-moi! Et vous, l'électron tout-puissant! Aidez-moi! Je veux entendre!*

2095

LES GUERRIERS DE LUMIÈRE

Si Christopher Mondschein, acolyte de Troisième Degré, avait une faiblesse, c'était bien celle de vouloir vivre éternellement. Ce besoin était relativement répandu et n'avait rien de répréhensible. Mais l'acolyte Mondschein l'éprouvait avec un peu trop de violence.

— Après tout, avait dû lui rappeler un de ses supérieurs, votre fonction au sein de la Fraternité est de veiller au bien-être des autres et non de construire votre propre nid, acolyte Mondschein. Me fais-je bien comprendre ?

— Parfaitement, mon Frère, répondit Mondschein avec raideur.

Il était sur le point d'éclater de colère, de honte et de culpabilité.

— Je reconnais mon erreur. Et je demande le pardon.

— Il ne s'agit pas de pardon, acolyte Mondschein, répliqua son aîné, mais de compréhension. Peu importe le pardon. Quels sont vos buts, Mondschein ? Que cherchez-vous ?

L'acolyte hésita un instant avant de répondre. D'abord parce qu'il était toujours de bonne politique de peser ses mots avant de répondre à un supérieur de la Fraternité, ensuite parce qu'il avait conscience de se trouver actuellement sur la corde raide.

Il tira nerveusement sur les plis de sa robe et laissa errer son regard sur la splendeur gothique de la chapelle.

Ils se trouvaient sur la galerie qui surplombait la nef.

Aucun service ne se déroulait, mais quelques fidèles occupaient néanmoins les bancs, agenouillés devant le rayonnement bleuâtre du réacteur au cobalt placé sur le dais. La chapelle de Nyack de la Fraternité de la Radiation Immanente était la troisième par ordre d'importance du district de New York. Mondschein y était entré six mois auparavant, le jour même de son vingt-deuxième anniversaire. Il croyait alors être animé par un sentiment religieux authentique. A présent, il n'en était plus tellement certain.

Ses doigts serrèrent la rambarde tandis qu'il déclarait à voix basse :

– Je veux aider les gens, mon Frère. Les gens, en général et en particulier. Je veux les aider à trouver la voie. Et je veux aussi que l'humanité réalise ses principaux objectifs. Comme l'a dit Vorst...

– Epargnez-moi vos sermons, Mondschein.

– J'essaie seulement de vous faire comprendre...

– Je sais. Ecoutez, ne comprenez-vous pas qu'il vous faut gravir normalement les échelons de la hiérarchie ? Vous ne pouvez sauter par-dessus vos supérieurs, Mondschein, si impatient que vous soyez de parvenir au sommet. Passons un instant dans mon bureau.

– Oui, Frère Langholt. Comme vous voudrez.

Mondschein suivit son aîné le long de la galerie jusque dans l'aile administrative de la chapelle. Le bâtiment était très récent et d'une beauté frappante. Il ne rappelait en rien les affreuses officines des premières chapelles vorsters qui étaient apparues dans les quartiers les plus délabrés, vingt-cinq années auparavant.

Langholt posa une main osseuse sur le contact de la porte qui diaphragma aussitôt. Ils entrèrent.

La pièce était petite et sombre, austère, avec un plafond voûté dans la bonne tradition gothique. Les rayonnages étaient chargés de livres. Le bureau était une simple plaque d'ébène poli sur laquelle brillait un Feu Bleu miniature, symbole de la Fraternité. Mondschein vit autre chose sur ce bureau : la lettre qu'il avait écrite au Superviseur du district, Kirby, pour demander son transfert au Centre génétique de la Fraternité, à Santa Fe.

Il se sentit rougir. C'était très fréquent chez lui. Il avait des joues bien rondes, faites pour s'empourprer. Il était un peu plus grand que la moyenne, assez robuste, les cheveux bruns et drus, un visage fin, sérieux.

Mondschein savait qu'il manquait de maturité à un point ridicule, comparé à l'homme ascétique et svelte qui avait le double de son âge et lui passait un savon.

– Comme vous le voyez, déclara Langholt, nous avons votre lettre adressée au Superviseur Kirby.

– Cette lettre était confidentielle, je...

– Il n'existe pas de lettre confidentielle dans notre ordre, Mondschein! En fait, le Superviseur Kirby me l'a remise lui-même. Comme vous pouvez le constater, il a ajouté une note manuscrite...

Mondschein prit la lettre. Quelques lignes avaient été griffonnées dans le coin supérieur gauche :

Vous ne trouvez pas qu'il est terriblement pressé? Rabaissez-le un peu. R.K.

Mondschein reposa la lettre et attendit la tempête. C'est alors qu'il s'aperçut que son aîné souriait avec gentillesse.

47

– Pourquoi voulez-vous aller à Santa Fe, Frère Mondschein?

– Pour participer aux recherches. Et au... au programme de reproduction.

– Vous n'êtes pas esper.

– Mais j'ai peut-être des gènes latents. Sinon, on pourrait faire une opération qui les rendrait utiles à la communauté... Mon Frère, vous devez me comprendre : je n'ai pas agi par simple égoïsme. Je veux participer au grand effort.

– Vous pouvez y participer, Mondschein. En accomplissant votre tâche quotidienne, en priant et en formant de nouveaux adeptes. Si les cartes disent que vous devez être appelé à Santa Fe, vous le serez en temps voulu. Ne pensez-vous pas que certains de vos aînés aimeraient aussi y aller? Moi-même? Le Frère Ashton? Le Superviseur Kirby lui-même? Vous arrivez de la rue, si je puis dire, et voilà qu'après quelques mois seulement vous revendiquez un billet pour l'utopie. Je suis désolé mais vous ne pouvez l'obtenir aussi facilement, acolyte Mondschein...

– Que dois-je faire à présent?

– Vous purifier. Vous laver de l'orgueil et de l'ambition. Redescendre et prier. Faire votre travail de tous les jours. Cesser de penser à une promotion rapide. Ce qui est le meilleur moyen de ne pas obtenir ce que vous souhaitez.

– Je pourrais peut-être me porter volontaire pour le service des missions, suggéra Mondschein. Me joindre à ceux qui partent pour Vénus...

Langholt eut un soupir :

– Vous recommencez! Freinez votre ambition, Mondschein!

– Mais j'entendais cela comme une pénitence...

– Certes. Vous vous imaginez que ces missionnaires ont quelque chance de devenir des martyrs.

Et aussi que, si vous avez le bonheur d'atteindre Vénus et de ne pas être écorché vif, vous pourrez revenir avec une influence certaine dans la Fraternité. C'est alors qu'on vous enverra à Santa Fe comme un guerrier promis au Walhalla... Mondschein, Mondschein... Vous êtes tellement transparent! Vous frôlez l'hérésie, en refusant d'accepter votre lot.

— Je n'ai jamais eu aucun rapport avec les hérétiques! Je...

— Je ne vous accuse de rien! clama Langholt. Je vous avertis simplement que vous allez dans une mauvaise direction. J'ai peur pour vous. Regardez...

Langholt jeta la lettre incriminée dans un évicteur où elle s'embrasa et disparut aussitôt.

— J'oublierai tout cet épisode. Mais pas vous, Mondschein. Soyez humble, soyez plus humble... Maintenant, allez et priez. Retirez-vous.

— Merci, mon Frère, murmura Mondschein.

Il sentit que ses genoux n'étaient pas très fermes tandis qu'il traversait la pièce et gagnait la rampe en spirale qui accédait à la chapelle. Tout bien considéré, se dit-il, il s'en était tiré à bon compte. Il aurait pu subir une réprimande publique. Ou bien être transféré vers quelque lieu peu agréable, comme la Patagonie ou les Aléoutiennes. On aurait même pu l'écarter définitivement de la Fraternité.

En passant par-dessus Langholt, il avait commis une faute énorme, il le reconnaissait. Mais comment aurait-il pu faire autrement? Il mourait ici chaque jour un peu plus, alors qu'à Santa Fe on choisissait ceux qui vivraient éternellement. Il lui était intolérable de rester à l'écart. Il sentait son esprit vaciller à la pensée qu'il s'était presque certainement coupé à jamais le chemin de Santa Fe.

Il se glissa sur un banc éloigné et contempla solennellement le cube de cobalt 60 sur l'autel.

Faites que le Feu Bleu m'emporte, pria-t-il. *Qu'il me lave et me purifie!*

Parfois, en s'agenouillant devant l'autel, Mondschein avait éprouvé le sentiment confus d'une expérience spirituelle. Sans plus. Bien qu'il fût acolyte de la Fraternité de la Radiation Immanente et appartînt à la seconde génération du culte, Mondschein n'était pas un esprit religieux. Libre aux autres de tomber en extase devant l'autel, se disait-il. Quant à lui, il prenait le culte pour ce qu'il était : une opération destinée à dissimuler un programme avancé de recherche génétique. C'était du moins ce qui lui apparaissait car, à certains moments, il ne parvenait plus à distinguer l'opération de diversion de la réalité profonde. Nombreux, en effet, étaient ceux qui semblaient tirer un bienfait spirituel de la Fraternité, alors qu'il n'y avait aucune preuve que les laboratoires de Santa Fe fussent parvenus à un résultat.

Il ferma les yeux, la tête sur la poitrine. Il vit tournoyer les électrons sur leurs orbites. En silence, il récita la Litanie Electromagnétique, nommant toutes les stations du spectre.

Il songeait à Christopher Mondschein traversant les âges. Le désir plongea en lui avec violence, le traversant comme une lame, tandis qu'il récitait encore les moyennes fréquences. Bien avant d'atteindre les rayons X, il transpirait, malade de peur à l'idée de la mort. Encore soixante, soixante-dix ans, et son tour viendrait, tandis qu'à Santa Fe...

Aidez-moi. Aidez-moi...

Que quelqu'un vienne à mon secours. Je ne veux pas mourir!

Il leva les yeux vers l'autel. Le Feu Bleu vacillait comme s'il allait s'éteindre, se moquant de ses pensées. Oppressé par les ténèbres gothiques, Mondschein se dressa d'un bond et courut à l'air libre.

★

Dans sa robe indigo, avec sa cagoule, il avait une silhouette inquiétante. Les gens le regardaient comme s'il était quelque apparition surnaturelle. Ils ne l'examinaient pas assez longtemps pour voir qu'il n'était qu'un acolyte. Il y avait de nombreux Vorsters parmi ces gens, pourtant ils ne pouvaient admettre que la Fraternité n'ait aucun lien avec le surnaturel. Mondschein n'avait pas une très haute opinion de l'intelligence du peuple.

Il monta sur le glissoir. La cité s'érigeait autour de lui, ses tours de travertin brillant d'un éclat huileux dans la sourde lumière rouge de cet après-midi de mars. New York s'était développé par-delà l'Hudson comme une lèpre et les gratte-ciel se propageaient en direction des Adirondacks. Nyack, par exemple, avait depuis longtemps été absorbé par la métropole. L'air était frais, chargé d'une odeur de fumée. Probablement un incendie ravageait-il une réserve forestière, songea Mondschein. Il voyait la mort partout.

Son modeste appartement était situé à cinq blocs de distance de la chapelle. Il y vivait seul. Les acolytes avaient besoin d'une autorisation spéciale pour se marier, et les liaisons occasionnelles leur étaient interdites. Pourtant, le célibat ne pesait pas trop à Mondschein. Il espérait néanmoins y échapper grâce à son transfert à Santa Fe. On disait qu'il y avait là-bas de charmantes jeunes acolytes plutôt faciles. Il était impossible que l'insémination artificielle fût pratiquée dans tous les cas. C'était du moins ce qu'il espérait.

51

Mais cela était sans importance désormais. Il pouvait oublier Santa Fe. Sa lettre imprudente au Superviseur Kirby avait tout gâché.

Il était définitivement pris au piège, à présent, tout en bas de l'échelle vorster. Il gravirait normalement les échelons de la hiérarchie de la Fraternité, il aurait droit à une robe légèrement différente, à la barbe, peut-être. Il présiderait les services et veillerait aux besoins de la congrégation.

Très bien. Parfait. La Fraternité était le plus important mouvement religieux de la planète et le servir était très certainement un accomplissement des plus nobles. Mais un homme dépourvu de la moindre vocation religieuse ne pouvait trouver le bonheur en officiant dans une chapelle. Et Mondschein n'en avait pas le moindre désir. Il avait cherché à atteindre son propre but en s'engageant comme acolyte et, à présent, il découvrait que son projet avait été une erreur.

Il était coincé. Il ne serait plus qu'un frère vorster, à présent. Il y avait des milliers de chapelles dans le monde. La Fraternité comptait près de cinq cents millions d'adeptes à ce jour. Ce n'était pas si mal, en une seule génération. Les religions anciennes étaient en déclin. Les Vorsters offraient une chose dont elles ne disposaient pas : le réconfort de la science, l'assurance que, par-delà le ministère spirituel, il en existait un autre qui servait le Tout en sondant les mystères les plus profonds. Un dollar donné à une chapelle vorster pouvait aider à financer le développement d'une technique pour assurer l'immortalité, l'immortalité personnelle, immédiate, celle du corps, de la chair, du sang.

C'était la clé. Elle jouait parfaitement. Oh! bien sûr, il existait des imitateurs, des cultes périphériques dont certains avaient remporté quelque succès dans leur domaine restreint. Il y avait même une hérésie vorster, maintenant, celle des Harmonistes, qui prêchaient l'Harmonie Transcendante issue du culte. Mondschein avait choisi les Vorsters et il leur devait loyauté car il avait été éduqué dans l'adoration du Feu Bleu. Mais...

— Désolé. Mille excuses.

Quelqu'un venait de le bousculer sur le glissoir. Une main le frappa dans le dos, violemment, à tel point qu'il vacilla et reprit difficilement son équilibre pour apercevoir un individu large d'épaules, vêtu d'une stricte tenue bleue de travail, qui s'éloignait en hâte. Imbécile! Maladroit! se dit Mondschein. Il y a assez de place pour tout le monde, sur ce glissoir... Pourquoi court-il comme ça?

Il rectifia les plis de sa robe et retrouva sa dignité.

— Ne regagnez pas votre appartement, Mondschein, murmura une voix douce. Continuez. Une vivenef vous attend à la station de Tarrytown.

Il n'y avait personne près de lui.

— Qui me parle? demanda-t-il, sur le qui-vive.

— Je vous en prie, calmez-vous et aidez-nous. Il ne vous sera fait aucun mal. Nous agissons pour votre bien, Mondschein.

Il regarda autour de lui. La personne la plus proche était une femme âgée. Elle se trouvait à quinze mètres de là, sur le glissoir. Elle le dépassa rapidement avec un sourire fugace, comme si elle s'excusait. Qui venait de parler? Pendant un instant d'affolement, il se dit qu'il était devenu télépathe. Un pouvoir latent pouvait s'éveiller avec sa maturité tardive. Mais non : il avait entendu une voix et non un message télépathique. Il finit par comprendre : l'homme qui l'avait bousculé avait dû lui planter une Oreille en le frappant dans le dos. Une minuscule plaque métallique de communication, épaisse de quelques molécules, un miracle de super-miniaturisation. Il ne se donna pas la peine de la chercher.

– Qui êtes-vous ? demanda-t-il.

– Ne vous occupez pas de ça. Rendez-vous simplement à la station et nous nous y rencontrerons.

– Je suis en robe.

– Nous nous occuperons également de ça.

Mondschein se mordilla les lèvres. Il était censé ne pas quitter le voisinage immédiat de la chapelle sans l'autorisation d'un supérieur. Mais il n'avait pas le temps et il n'avait pas la moindre envie d'affronter la bureaucratie après son admonestation. Il allait tenter sa chance.

Il se laissa emporter par le glissoir.

La station de Tarrytown apparut bientôt. Mondschein sentit son estomac se crisper. Il percevait déjà les relents âcres du carburant des nefs. Le vent qui soufflait sur lui était froid et il se dit que ses frissons n'étaient pas seulement dus à l'appréhension. Il quitta le glissoir et entra dans la station dont le dôme jaune-vert scintillait étrangement au-dessus des hautes murailles de plastique blafard. La station n'était pas particulièrement fréquentée à cette heure. Les premiers voyageurs en provenance du centre n'étaient pas encore arrivés et le rush vers la banlieue n'aurait lieu que plus tard, vers l'heure du dîner.

Des silhouettes convergeaient dans sa direction.

– Ne les regardez pas, dit la voix de l'Oreille. Contentez-vous de les suivre avec discrétion.

Mondschein obéit. Il y avait deux hommes et une femme au visage anguleux.

Ils pénétrèrent dans un hall d'information résonnant du bavardage des machines, passèrent une rangée de cireurs avant de pénétrer dans le secteur de la consigne. L'un des hommes appuya de la paume contre un coffre qui s'ouvrit. Il prit à l'intérieur un volumineux paquet qu'il mit sous son bras. Tandis qu'il traversait la station en diagonale en direction des toilettes, Mondschein entendit la voix lui dire : « Attendez trente secondes et suivez-le. »

Il se plongea dans l'examen d'une machine d'information. Il n'éprouvait pas vraiment d'enthousiasme, mais il devinait en même temps qu'il pouvait être inutile et dangereux de résister. Lorsque les trente secondes furent écoulées, il s'avança vers les toilettes. Le sondeur de l'entrée décida qu'il était du sexe mâle et le signal d'admission scintilla aussitôt.

— Troisième cabine, murmura la voix de l'Oreille.

L'homme blond n'était visible nulle part. Mondschein entra docilement dans la cabine et découvrit le paquet à l'intérieur. Il l'ouvrit. Il tenait entre les mains une robe verte de Frère harmoniste.

Les hérétiques ? Au nom de quoi..., se dit-il.

— Revêtez-la, Mondschein.

— Mais je ne peux pas. Si on me voit...

— On ne vous verra pas. Mettez cette robe. Nous garderons la vôtre jusqu'à votre retour.

Il avait l'impression d'être une marionnette. Il ôta sa robe d'acolyte et l'accrocha avant de revêtir l'uniforme hérétique. Il lui allait bien. Quelque chose était agrafé dans la doublure : un masque thermoplastique. Il éprouva un sentiment de soulagement et de reconnaissance. Il déplia le masque, l'appliqua sur son visage et l'y maintint, le temps qu'il prenne forme. Le masque dissimulerait suffisamment ses traits pour qu'il n'ait pas à craindre d'être reconnu.

Soigneusement, il prit sa propre robe, la plia et la mit dans l'enveloppe du paquet.

— Laissez cela sur le siège, dit la voix.

- Je ne peux pas. Si je la perds, comment pourrai-je m'expliquer ?

- Vous ne la perdrez pas, Mondschein. Dépêchez-vous, à présent. La vivenef va partir.

Inquiet, il quitta la cabine. Il entrevit son image dans le miroir. Son visage d'ordinaire plein semblait maigre, à présent. Les joues étaient creuses, les mâchoires saillantes, les lèvres épaisses et humides. Des cercles sombres marquaient ses yeux comme s'il avait passé une semaine à faire la vie. La robe verte était tout aussi inhabituelle. Porter ainsi la tenue des hérétiques lui procurait le sentiment d'être plus proche que jamais de sa propre organisation.

Lorsqu'il sortit, il vit la femme mince qui s'avançait vers lui. Ses pommettes étaient comme des lames et ses paupières avaient été remplacées par de fines pellicules de platine.

C'était une mode qui remontait à la génération précédente, songea Mondschein. Il se souvenait de sa mère sortant de chez le chirurgien, le visage transformé en un masque grotesque. Personne ne faisait plus ça, maintenant. Cette femme devait avoir au moins quarante ans, estima-t-il, bien qu'elle parût plus jeune.

- Eternelle Harmonie, mon Frère, dit-elle d'une voix rauque.

Mondschein tenta de se rappeler la réponse harmoniste qui convenait. Il improvisa :

- Puisse le Tout vous sourire.

- Je suis heureuse de votre bénédiction. Votre billet est prêt, mon Frère. Voulez-vous me suivre ?

Il comprit qu'elle serait son guide. Il s'était débarrassé de l'Oreille en quittant sa robe. Mal à l'aise, il souhaita retrouver bientôt sa tenue. Il suivit la femme jusqu'à la plate-forme d'embarquement. Ils pouvaient l'expédier n'importe où. Chicago, Honolulu, Montréal...

La vivenef étincelait dans la station, fine, élégante, pleine de grâce. Sa coque était d'un délicat bleu-vert patiné. Tandis qu'ils montaient à bord, Mondschein demanda :

– Où allons-nous ?
– A Rome, dit la femme.

★

Mondschein écarquillait les yeux tandis que les monuments antiques défilaient à toute allure : le Forum, le Colisée, le monument somptueux de Victor-Emmanuel, la Colonne de Mussolini. L'itinéraire lui faisait traverser le cœur de la vieille cité. Il aperçut aussi l'éclat bleu d'une chapelle vorster en filant au long de la Via dei Fori Imperiali, ce qui lui parut incongru dans cette ville qui avait connu tant de religions anciennes. Pourtant, la Fraternité était solidement implantée ici. Lorsque Grégoire XVIII se montrait au balcon du Vatican, il pouvait encore dénombrer une foule de quelques milliers de Romains. Mais nombreux étaient ceux qui, après avoir vu le Pape, filaient aussitôt vers la plus proche chapelle vorster.

Il était évident que les Harmonistes s'étaient également établis à Rome. Mondschein ne perdit en rien son calme, tandis que le véhicule fonçait vers le nord de la ville.

– Nous sommes sur la Via Flaminia, annonça son guide. Pour l'installation du sillon électromagnétique, ils ont suivi exactement le tracé de l'ancienne voie. Ils ont un sens aigu des traditions, ici.

– Je n'en doute pas, dit Mondschein d'un ton las.

On était au milieu de l'après-midi et il n'avait

avalé qu'un sandwich à bord de la vivenef. Il leur avait suffi de quatre-vingt-dix minutes pour atteindre Rome, peu avant l'aube. Une brume hivernale flottait au-dessus de la ville. Le printemps tardait à venir. Derrière son masque thermoplastique, Mondschein éprouvait une démangeaison terrible. Ses doigts étaient glacés par la peur.

Ils stoppèrent enfin devant un bâtiment de brique terne à quelques dizaines de kilomètres au nord de Rome. Tandis qu'ils entraient, un frisson parcourut Mondschein. La femme aux paupières de platine le conduisit jusqu'en haut d'un escalier et l'introduisit dans une petite pièce brillamment illuminée où se tenaient trois hommes portant la robe verte des Harmonistes.

C'est bien ce que je pensais, songea Mondschein. *Je suis dans un repaire d'hérétiques.*

Ils ne lui dirent pas leurs noms. L'un d'eux était petit, trapu, le visage blême, le nez bulbeux. Un autre, grand et d'une minceur spectrale, avec des jambes d'araignée. Le troisième n'avait rien de caractéristique, la peau blanche, les yeux très rapprochés, avec une expression paisible sur le visage.

Le petit était l'aîné et semblait commander.
Sans préambule, il commença :
– Ils vous ont donc repoussé, n'est-ce pas ?
– Comment...
– Ne vous préoccupez pas de cela. Nous vous avons surveillé, Mondschein. Nous espérions que vous agiriez ainsi. Nous désirions autant disposer d'un homme à Santa Fe que vous aspiriez à vous y retrouver.
– Etes-vous des Harmonistes ?
– Oui. Prendrez-vous du vin, Mondschein ?
Il haussa les épaules. Le grand hérétique fit un

signe et la femme, qui n'avait pas quitté la pièce, s'avança avec une carafe de vin doré. Mondschein accepta un verre, tout en se disant qu'il était certainement drogué. Le vin, en tout cas, était frais et légèrement fruité, comme un graves demi-sec. Les autres burent à leur tour.

— Que voulez-vous de moi? demanda Mondschein.

— Votre aide, dit le petit hérétique. Une guerre se prépare et nous désirons que vous soyez de notre côté.

— Je n'ai entendu parler d'aucune guerre.

— Une guerre entre la lumière et les ténèbres, dit le plus grand d'une voix douce. Nous sommes les Guerriers de Lumière. Mais ne croyez pas que nous soyons des fanatiques, Mondschein. En vérité, nous sommes des hommes plutôt raisonnables.

— Peut-être savez-vous, intervint le troisième Harmoniste, que notre croyance est dérivée de la vôtre. Nous respectons les enseignements de Vorst et nous suivons la plupart de ses principes. En fait, nous considérons que nous obéissons plus fidèlement aux principes originaux que l'actuelle hiérarchie de la Fraternité. Nous constituons un élément purificateur. Toute religion a besoin de réformateurs.

Mondschein dégustait son vin à petites gorgées. Il se permit un clin d'œil malicieux, tout en remarquant :

— D'habitude, il faut un millier d'années avant que les réformateurs fassent leur apparition. Nous ne sommes qu'en 2095. La Fraternité n'a que trente ans d'existence, à peine.

Le petit Harmoniste acquiesça.

— Les choses vont vite à notre époque. Il a fallu trois cents ans aux chrétiens pour s'emparer du contrôle politique de Rome, du règne d'Auguste à celui de Constantin. Les Vorsters n'ont pas mis aussi longtemps. Vous connaissez l'histoire : il existe des hommes de la Fraternité dans chaque corps législatif du monde. Dans certains pays, ils ont organisé leurs propres partis politiques. Je n'ai nul besoin de vous rappeler leur puissance financière.

– Et vous, les purificateurs, vous prêchez un retour aux usages d'il y a trente ans? Les chapelles en ruine, les persécutions et tout ça?

– Pas exactement. Nous apprécions l'usage de l'énergie. Nous pensons seulement que le mouvement a été détourné par certaines incohérences. L'énergie en elle-même est devenue plus importante que l'utilisation qu'elle implique pour atteindre des buts plus importants et plus lointains.

– Le haut commandement vorster, poursuivit le plus grand, se préoccupe d'accords politiques et de modifications dans le régime des impôts sur le revenu. C'est une perte de temps et d'énergie que de se consacrer à des affaires domestiques. Pendant ce temps, le mouvement a subi un échec total sur Mars et Vénus. Aucune chapelle chez les colons, pas le moindre pas en avant. Le rejet pur et simple. Et où sont les brillants résultats du programme génétique esper? Que sont devenus les développements extraordinaires que l'on nous promettait?

– Nous n'en sommes qu'à la seconde génération, dit Mondschein. Il faut savoir être patient. (Il sourit en s'entendant conseiller la patience aux autres et ajouta :) Je crois que la Fraternité progresse dans la bonne direction.

– Nous, nous ne le croyons pas, dit le plus pâle des trois. Lorsque nous avons échoué dans notre réforme intérieure, il nous a fallu quitter la Fraternité et commencer notre propre campagne parallèle. Nos objectifs à long terme sont cependant identiques. L'immortalité physique par la régénération corporelle. Et le plein développement des pouvoirs extra-sensoriels conduisant à de nouveaux modes de communication et de transport. C'est là ce que nous désirons... et non pas le pouvoir de déterminer le montant des impôts locaux!

– Dans un premier temps, dit Mondschein, vous vous emparerez des leviers du pouvoir, puis vous vous consacrerez aux objectifs à long terme.

– Pas nécessairement! lança le petit gros. Nous sommes tentés par l'action directe. Et nous sommes certains de notre succès. D'une façon ou d'une autre, nous parviendrons à notre but.

La femme aux traits acérés versa encore un peu de vin dans le verre de Mondschein. Il essaya de repousser sa main, mais elle tint à remplir son verre jusqu'au bord et il dut boire.

– Je présume, déclara-t-il, que vous ne m'avez pas amené jusqu'à Rome uniquement pour m'exposer votre opinion sur la Fraternité. Qu'attendez-vous de moi?

– Supposez que nous soyons en mesure de vous faire transférer à Santa Fe? dit le petit hérétique.

Mondschein se redressa d'un bond. Ses mains se crispèrent sur son verre, presque à le casser.

– Comment pourriez-vous faire ça?

– Admettez que nous le pouvons. Seriez-vous prêt à transmettre les informations que vous pourriez obtenir dans les laboratoires?

– Vous voulez que j'espionne pour votre compte?

– Appelez cela ainsi, si vous le voulez.

– C'est une mauvaise action.

– Vous seriez récompensé.

– Il faudrait une récompense plutôt importante!

L'hérétique se pencha vers lui et déclara calmement :

– Nous vous offririons un poste de Dixième Degré dans notre organisation. Dans la Fraternité, il vous faudrait attendre quinze années avant de l'obtenir. Vous pourrez vous élever dans notre hiérarchie plus vite que vous ne le faites actuellement. Un homme aussi ambitieux que vous pourrait accéder au sommet vers la cinquantaine...

– Mais où est mon avantage? demanda Mondschein. Quel intérêt y a-t-il à se retrouver près du sommet dans une hiérarchie d'importance secondaire?

– Ah... mais nous ne serons plus d'une importance secondaire, à ce moment-là! Plus avec les renseignements que vous nous apporterez. Ils nous permettront de croître. Des millions de gens vont quitter la Fraternité pour rejoindre nos rangs quand ils verront ce que nous leur offrons – c'est-à-dire tout ce qu'ils possèdent, plus nos valeurs propres. Nous allons connaître une expansion rapide. Et, dès lors que vous aurez épousé notre cause dans les premiers temps, vous aurez droit à un poste élevé.

Mondschein admettait la parfaite logique de ce raisonnement. La Fraternité était déjà riche, puissante, dominée par les bureaucrates en place. Il était difficile de progresser au sein d'une telle structure. Mais, s'il apportait ses services à un groupe moins important mais plus dynamique dont les ambitions étaient rivales de celles de la Fraternité...

– Ça ne peut pas réussir, dit-il tristement.
– Pourquoi?
– Admettons que vous puissiez m'introduire à Santa Fe... Je serai sondé par les espers bien avant d'y arriver. Ils sauront que je suis un espion et on m'arrêtera. Les souvenirs que j'aurai de notre entrevue suffiront à me trahir...

Le petit homme eut un large sourire.

– Qu'est-ce qui vous fait croire que vous aurez quelque souvenir de cette entrevue ? Nous aussi nous avons nos espers, Mondschein !

★

La pièce dans laquelle se retrouva Christopher Mondschein était désespérément vide. C'était un cube parfait, probablement construit avec une tolérance de l'ordre du centième de millimètre. Il s'y trouvait seul. Il n'y avait aucun meuble, aucune fenêtre sur l'extérieur, pas même la moindre toile d'araignée.

Mal à l'aise, oscillant d'un pied sur l'autre, il contemplait le plafond haut, cherchant en vain la source de la lumière discrète qui baignait la pièce. Il ignorait dans quelle ville il pouvait se trouver. On l'avait emmené loin de Rome à l'aube et, à présent, il pouvait tout aussi bien être à Djakarta qu'à Bénarès ou à Akron.

Il doutait de tout. Les Harmonistes lui avaient certifié qu'il ne courait aucun risque, mais il n'en était pas tellement certain. La Fraternité n'avait pu atteindre la suprématie sans avoir développé des structures défensives. En dépit de toutes les assurances qui lui avaient été fournies, il craignait d'être découvert avant d'avoir réussi à pénétrer dans les laboratoires secrets de Santa Fe. Alors, pour lui, ce serait encore moins drôle.

La Fraternité disposait de moyens pour châtier ceux qui la trahissaient. Derrière la bénévolence se dissimulait une réserve garantie et nécessaire de cruauté. Mondschein avait entendu certaines histoires que l'on racontait : celle du Superviseur régional des Philippines qui avait divulgué les minutes de conseils importants à des fonctionnaires de la police anti-Vorsters...

Mais peut-être était-ce inventé de toutes pièces... Il avait entendu dire, en tout cas, que l'homme avait été conduit à Santa Fe. Là, on lui avait supprimé les lobes de la douleur. Agréable destin, n'est-ce pas, que de ne plus percevoir la douleur?... Non. La douleur est la garantie de la sécurité. Sans douleur, comment savoir si quelque chose est trop chaud ou trop froid? Il peut en résulter des milliers de petites blessures. Des coupures, des brûlures, des égratignures. Ainsi, le corps s'use, peu à peu. Un doigt par-ci, un nez par-là, un œil, un lambeau de peau... Après tout, on peut en arriver à dévorer sa propre langue par inadvertance...

Mondschein eut un frisson. La paroi lisse, en face de lui, pivota brusquement et un homme entra dans la pièce. La paroi se referma immédiatement derrière lui.

– Etes-vous l'esper? demanda nerveusement Mondschein.

L'homme acquiesça. Ses traits n'avaient rien de particulier. Il est de type vaguement eurasien, se dit Mondschein. Ses lèvres étaient minces, ses cheveux très noirs. Et sa peau presque olive. Il émanait de lui une impression de fragilité.

– Etendez-vous sur le sol, dit l'esper d'une voix douce, caressante. Détendez-vous, s'il vous plaît. Vous avez peur de moi. Il ne le faut pas.

Mondschein fit son possible. Il s'allongea sur le sol de caoutchouc souple et plaça les bras le long de son corps.

L'esper se mit dans la position du lotus, dans un coin de la pièce. Il ne regardait pas Mondschein. L'acolyte attendit que quelque chose se passe, indécis.

Il avait déjà rencontré quelques espers auparavant. Il en existait à présent un certain nombre sur la Terre. Après des années de confusion et de doute, leurs caractères avaient été reconnus et isolés plus d'un siècle auparavant. Leur nombre avait été accru par un taux appréciable d'unions entre espers. Pourtant, leurs talents demeuraient encore imprévisibles. Nombreux étaient les espers qui ne contrôlaient que difficilement leurs facultés.

De plus, ils se montraient généralement instables, hypersensibles, psychotiques. Mondschein n'appréciait guère l'idée d'être enfermé dans une pièce sans fenêtre avec un esper plus ou moins névrosé.

Et si l'esper avait envie de lui jouer un de ses tours? Que se passerait-il si, au lieu de provoquer simplement une amnésie sélective, il s'amusait à altérer toute sa mémoire? Il se pourrait que...

– Vous pouvez vous relever, maintenant, dit brusquement l'esper. C'est fait.

– Qu'est-ce qui est fait?

L'esper eut un rire triomphant.

– Vous n'avez pas besoin de le savoir, idiot. C'est fait, c'est tout.

La paroi s'ouvrit une seconde fois. L'esper sortit. Mondschein se leva, se demandant avec inquiétude où il se trouvait et ce qui avait pu lui arriver.

Il rentrait chez lui par le glissoir et un type l'avait bousculé. Alors...

Une femme mince aux pommettes extraordinairement saillantes, aux paupières de platine scintillant fit son entrée :

– Venez par ici, s'il vous plaît.

– Pourquoi?

– Faites-moi confiance. Venez.

Avec un soupir, il se laissa conduire au long d'un étroit couloir jusque dans une autre pièce brillamment peinte et illuminée.

Dans un coin, il vit une boîte de métal qui évoquait un cercueil. Il la reconnut sans peine. C'était une chambre de déconnection sensorielle, une Chambre du Néant, à l'intérieur de laquelle on flottait dans un bain amniotique tiède, sans vue, sans ouïe, sans pesanteur. La Chambre du Néant était un appareil destiné à la relaxation totale. Il pouvait également être utilisé à des fins plus sinistres. Un homme qui séjournait trop longtemps dans une Chambre du Néant devenait malléable et facile à endoctriner.

– Déshabillez-vous et entrez là-dedans, dit la femme.

– Et si je refuse?...

– Vous ne refuserez pas.

– Pour combien de temps?

– Deux heures et demie.

– C'est trop, dit Mondschein. Désolé. Je n'en ai pas la moindre envie. Voulez-vous m'indiquer la sortie?

La femme fit un signe bref. Un robot sur roues pénétra dans la pièce. Il avait un nez camus et était entièrement peint en noir. Mondschein n'avait jamais lutté contre un robot et il n'avait pas l'intention de commencer maintenant. La femme désigna à nouveau la Chambre du Néant.

C'est un rêve, se dit Mondschein. *Un très mauvais rêve.*

Il commença à se déshabiller. La Chambre du Néant était prête : elle bourdonnait légèrement. Mondschein y entra et s'y laissa aller. Il ne voyait plus. Il n'entendait plus. Il respirait par un tube. Dans une passivité absolue, un total confort, il se détendit. L'agglomérat d'ambitions, de conflits, de désirs, de rêves et de culpabilité qui constituait l'esprit de Christopher Mondschein fut temporairement dissous.

Le moment venu, il s'éveilla.

On le sortit de la Chambre du Néant et on lui rendit ses vêtements. Il vacillait sur ses jambes et on dut le soutenir. Il s'aperçut alors que sa robe n'était pas de la bonne couleur. Elle était verte. La couleur des hérétiques. Comment était-ce possible? L'avait-on enrôlé à son insu dans le mouvement harmoniste? Mais ce n'était guère le moment de se poser des questions. On lui appliquait un masque thermoplastique sur le visage. Je vais voyager incognito, songea-t-il.

En peu de temps, il se retrouva dans une station de vivenefs. Il resta perplexe devant les caractères arabes. Le Caire? se demanda-t-il. Alger? Ankara? La Mecque?

Ils lui avaient réservé un compartiment privé. La femme aux paupières de platine resta assise près de lui durant tout le vol. Plusieurs fois, Mondschein essaya de l'interroger, mais elle se contentait de hausser les épaules.

La vivenef se posa à la station de Tarrytown, à New York. C'était au moins un endroit qui lui était familier. Un cadran lui indiqua que l'on était le mercredi 13 mars 2095, heure 0705, temps standard de la côte Est. C'était mardi, tard dans l'après-midi, qu'il avait quitté la chapelle après sa disgrâce au sujet du transfert à Santa Fe pour rentrer tristement chez lui. Il devait être alors à peu près 16 h 30. Il ne lui restait rien dans la mémoire de toute la nuit du mardi et d'une partie de la matinée du mercredi, c'est-à-dire une quinzaine d'heures en tout.

Comme ils pénétraient dans la salle d'attente, la femme murmura :

– Allez aux toilettes. Troisième cabine. Vous vous y changerez.

Très inquiet, Mondschein obéit. Il y avait un paquet sur le siège. Il l'ouvrit et vit qu'il contenait sa robe indigo d'acolyte de la Fraternité. Il la passa en hâte. Se souvenant soudain du masque, il l'ôta et le jeta. Il replia la robe verte et, ne sachant qu'en faire, l'abandonna dans la cabine.

Quand il sortit, un homme brun, d'âge moyen, s'approcha de lui, la main tendue.

– Acolyte Mondschein!
– Oui? fit-il.

Il ne reconnaissait pas cet homme, mais il accepta quand même la poignée de main.

– Avez-vous bien dormi?
– Je... Euh, oui. Très bien.

Ils se regardèrent et, tout à coup, Mondschein ne se rappela plus pourquoi il était entré dans les toilettes, ni ce qu'il avait pu y faire. Et pour quelle raison avait-il porté une robe verte et un masque thermoplastique pendant son voyage dont le point de départ était un pays où l'on parlait l'arabe? Et il ne se souvenait plus pourquoi il était sorti d'une Chambre du Néant quelques heures auparavant.

Il croyait à présent avoir passé une nuit tranquille chez lui, dans son modeste appartement. Il n'était pas certain de ce qu'il pouvait avoir à faire à cette heure de la matinée à la station de Tarrytown, mais ce n'était là qu'une énigme mineure dont il n'y avait pas lieu de se soucier.

Prenant alors conscience de la faim inhabituelle qu'il éprouvait, Mondschein s'offrit un substantiel petit déjeuner à la console alimentaire du dernier niveau. Il l'engloutit prestement. Vers 8 heures, il était à la chapelle de Nyack de la Fraternité de la Radiation Immanente, prêt à assister au service matinal.

Le Frère Langholt l'accueillit aimablement.

– Notre petite conversation d'hier ne vous a-t-elle pas trop troublé, Mondschein?
– Je suis raisonnable, à présent.
– Bien, bien... Ne vous laissez pas dominer par vos ambitions, Mondschein. Tout arrive en son

temps. Voulez-vous vérifier le niveau gamma du réacteur?

– Certainement, mon Frère.

Mondschein se dirigea vers l'autel. Le Feu Bleu était comme le phare de la sécurité au sein d'un monde incertain. Il sortit le détecteur gamma de son réduit et se mit à sa tâche matinale.

★

Le message l'appelant à Santa Fe arriva trois semaines plus tard. Il frappa la chapelle de Nyack comme un éclair d'orage, traversa de part en part les divers niveaux de la hiérarchie avant d'atteindre l'humble acolyte.

L'un des compagnons de Mondschein lui apprit la nouvelle de façon indirecte :

– On vous demande au bureau de Frère Langholt, Chris. Le Superviseur Kirby est là.

Mondschein fut saisi d'angoisse.

– Que se passe-t-il? Je n'ai commis aucune faute, rien que je sache, en tout cas...

– Je ne pense pas que vous ayez des ennuis. C'est quelque chose d'important, Chris. Ils semblent très excités. C'est un ordre qui vient d'arriver de Santa Fe, on dirait. (Mondschein eut droit à un coup d'œil scrutateur.) J'ai cru comprendre que vous allez être transféré là-bas.

– Très drôle, dit Mondschein.

Il se hâta vers le bureau de Langholt.

En entrant, il vit le Superviseur Kirby, sur la gauche, appuyé contre les rayonnages chargés de livres. Il ressemblait suffisamment à Langholt pour être son frère. Tous deux étaient grands, maigres, presque ascétiques. Ils avaient à peu près le même âge.

Mondschein n'avait encore jamais approché le Superviseur.

On racontait que Kirby avait été un haut fonctionnaire des Nations unies. Il avait occupé un poste important avant sa conversion, qui remontait à quinze ou vingt ans. Aujourd'hui, il était un des hommes clés de la hiérarchie, peut-être même une des douze personnalités les plus importantes de la Fraternité... Ses cheveux étaient coupés court et ses yeux étaient d'un vert bizarre. Mondschein eut du mal à affronter son regard. Face à Kirby, il se demandait maintenant comment il avait pu avoir le courage de lui écrire afin de demander son transfert à Santa Fe.

— Mondschein? fit le Superviseur avec un sourire furtif.

— Oui, monsieur.

— Appelez-moi Frère, Mondschein. Frère Langholt, ici présent, m'a fourni quelques bonnes informations en ce qui vous concerne.

Vraiment? songea Mondschein, stupéfait.

— J'ai dit au Superviseur que vous étiez ambitieux, enthousiaste et entreprenant, intervint Langholt. Je lui ai également précisé que vous possédiez ces qualités à un degré excessif par certains côtés. Peut-être apprendrez-vous la modération à Santa Fe.

Abasourdi, Mondschein ne put que dire :

— Frère Langholt, je croyais que ma demande de transfert avait été rejetée.

Kirby acquiesça.

— Elle a été reprise. Nous avons besoin de quelques sujets de contrôle, voyez-vous. Des non-espers. Quelques dizaines d'acolytes ont été convoqués et l'ordinateur a choisi votre nom. Vous semblez correspondre aux caractères requis. Je suppose que vous désirez toujours aller à Santa Fe?

– Bien sûr, monsieur... Frère Kirby.

– Très bien. Vous avez une semaine pour préparer vos affaires. (Le regard des yeux verts se fit encore plus perçant.) J'espère que vous saurez vous montrer utile là-bas, Frère Mondschein.

Mondschein n'arrivait pas à décider s'il était envoyé à Santa Fe à la suite d'une réaction tardive à sa demande ou bien si l'on désirait simplement se débarrasser de lui à la chapelle de Nyack. Il lui paraissait incompréhensible que Langholt pût approuver son transfert après l'avoir rejeté quelques semaines auparavant. Mais les supérieurs vorsters agissaient souvent selon des voies mystérieuses. Il devait accepter de bonne grâce cette surprenante décision, sans poser de question.

La semaine écoulée, il s'agenouilla une dernière fois dans la chapelle, dit au revoir au Frère Langholt et se rendit à la station des vivenefs pour le vol de nuit en direction de l'ouest.

Il atteignit Santa Fe au milieu de la matinée. La station, remarqua-t-il, était emplie de robes bleues, alors qu'il n'en avait jamais vu dans un lieu public. Il attendit, contemplant l'immense paysage du Nouveau-Mexique, mal à son aise.

Le ciel était d'un bleu surprenant, étincelant. Il lui semblait qu'il pouvait porter son regard jusqu'à l'infini. A des kilomètres de distance, il distinguait avec netteté les pics rocheux. Tout autour de la station s'étendait un désert ocre, ocellé de buissons de sauge gris-vert. Jamais encore il n'avait contemplé un panorama aussi vaste, immense, ouvert.

– Frère Mondschein ?

Il se retourna pour découvrir un petit acolyte courtaud.

– Oui.

– Je suis Frère Capodimonte. Je suis chargé de

vous escorter. Vous avez vos bagages? Bien. Alors, allons-y.

Une larme était parquée derrière la station. Capodimonte s'empara de la valise de Mondschein. Il devait avoir la quarantaine. Un peu vieux pour un acolyte, se dit Mondschein. Un bourrelet de graisse débordait de son col.

Ils montèrent à bord de la larme. Capodimonte démarra et le véhicule bondit nerveusement en avant.

— C'est la première fois que vous venez? demanda-t-il.

— Oui, dit Mondschein. Ce paysage m'impressionne.

— C'est magnifique, n'est-ce pas? Exaltant. Ici, on a le sens de l'espace. Et de l'histoire. Il y a des vestiges préhistoriques un peu partout dans la région. Quand vous serez installé, peut-être pourrons-nous aller jusqu'au canyon de Frijoles visiter les grottes. Est-ce que vous êtes intéressé par ce genre de chose, Mondschein?

— A vrai dire, je ne m'y connais guère. Mais cela me ferait plaisir de faire ce voyage.

— Quelle est votre spécialité?

— Physique nucléaire, dit Mondschein. Je suis surveillant de réacteur.

— Avant d'entrer dans la Fraternité, dit Frère Capodimonte, j'étais ethnologue. Je passais tous mes moments de loisir dans les pueblos. Il est bon de visiter le passé, de temps à autre, lorsque l'avenir nous envahit si rapidement.

— Ils progressent vraiment très vite, n'est-ce pas?

Capodimonte acquiesça.

— Très vite, oui, à ce qu'ils m'ont dit. Mais, bien sûr, je ne suis pas un interne. Les internes n'ont pas souvent le droit de quitter le centre. D'après ce que j'ai entendu dire, ils accomplissent de grandes choses. Regardez par là, mon Frère. Nous traversons actuellement la ville de Santa Fe.

Mondschein regarda. *Pittoresque* fut le mot qui lui vint aussitôt à l'esprit. La ville était petite, aussi bien par son étendue que par la taille des maisons qui ne semblaient pas dépasser trois ou quatre étages. Même à cette distance, il reconnut le brun rougeâtre caractéristique de l'adobe.

– Je m'attendais à une ville plus grande, dit-il.

– C'est le zonage. Monuments historiques et tout ça... Ils l'ont maintenue à peu près telle qu'elle était il y a une centaine d'années. Aucune construction nouvelle n'a été autorisée.

Mondschein fronça les sourcils.

– Et le laboratoire?

– Oh!... Il n'est pas vraiment à Santa Fe. Nous sommes en fait à quelque soixante kilomètres au nord, dans le pays de Picuris. Il y a encore pas mal d'Indiens par là, vous savez.

Ils commençaient à monter, maintenant. La Larme escaladait les collines et la végétation changeait. Les genévriers tourmentés et les pins cédaient la place à des ponderosas et des sapins de Douglas. Mondschein avait encore peine à croire qu'ils allaient bientôt atteindre le Centre génétique. Il avait réussi, songea-t-il. La seule façon de réussir dans ce monde était de se lever et de crier bien fort.

Il avait crié. Il avait eu droit à une réprimande, mais on l'avait quand même entendu... et envoyé à Santa Fe.

Vivre éternellement! Abandonner son corps aux chercheurs qui apprenaient à remplacer cellule après cellule, à régénérer les organes, à ramener la jeunesse. Mondschein savait sur quoi ils travaillaient ici. Bien sûr, il y avait des risques, mais quelle importance? Au pis, il mourrait. Ce qui était dans le cours normal des choses. D'un autre côté, il pouvait être sélectionné, il pouvait être un des élus.

Une porte leur barrait la route. Le soleil brillait d'un éclat intense sur le métal.

– Nous y sommes, annonça Capodimonte.

La porte commença à s'ouvrir.

– Est-ce que je ne dois pas être sondé par un esper avant d'entrer? demanda Mondschein.

Capodimonte éclata de rire.

– Frère Mondschein! Vous avez été sondé pendant les quinze minutes qui viennent de s'écouler. S'il existait quelque motif pour vous refouler, cette porte ne serait pas en train de s'ouvrir. Calmez-vous... Et soyez le bienvenu. Vous êtes accepté.

★

Officiellement, c'était le Centre de Recherche Biologique Noël Vorst. Cela s'étendait sur quelque vingt-cinq kilomètres carrés, dans toute la région du plateau. Le moindre mètre de terrain était protégé. A l'intérieur du périmètre se dressaient des dizaines de bâtiments: dortoirs, laboratoires et autres installations aux usages moins évidents. L'ensemble de l'entreprise était soutenue par les fidèles qui donnaient les uns un dollar, les autres un millier...

Le Centre était le cœur de l'opération vorster. Là se poursuivaient les recherches qui visaient à améliorer l'existence de tous les Vorsters. L'attrait essentiel exercé par la Fraternité tenait à ce qu'elle n'offrait pas seulement le réconfort spirituel, comme les autres religions plus anciennes, mais aussi le bénéfice des dernières découvertes scientifiques. Il y avait des hôpitaux vorsters dans toutes les grandes villes désormais. Les médecins vorsters étaient l'élite de la profession. La Fraternité de la

Radiation Immanente soignait le corps autant que l'âme.

Le but suprême de l'organisation, que la Fraternité ne cherchait nullement à cacher, était la victoire sur la mort. Elle voulait non seulement repousser la menace de la maladie, mais celle de l'âge. Avant même la naissance du mouvement vorster, les hommes avaient accompli des progrès considérables dans cette direction.

La moyenne d'âge était de quatre-vingts ans désormais, et même de quatre-vingt-dix dans certains pays. Pour cette raison, la Terre était surpeuplée, en dépit du contrôle des naissances appliqué de toutes parts.

La population du globe atteindrait bientôt douze milliards d'âmes. Le taux des naissances, bien qu'en chute rapide, était encore trop élevé par rapport à celui des décès.

Les Vorsters espéraient accroître encore la moyenne de vie pour ceux qui le désiraient. Cent, cent vingt, cent cinquante ans, tel était le but immédiat. Mais, plus tard, pourquoi pas deux cents, trois cents, un millier d'années?

Donnez-nous la vie éternelle! imploraient ceux qui se pressaient dans les chapelles pour être certains de compter au nombre des élus.

Bien sûr, le prolongement de la vie rendrait encore plus complexe le problème de la surpopulation. La Fraternité en était consciente. Elle poursuivait donc d'autres objectifs destinés à résoudre ce problème. Ouvrir la galaxie à l'humanité... Tel était son but véritable.

La colonisation de l'univers par le genre humain avait déjà commencé plusieurs générations avant l'avènement du mouvement de Noël Vorst. Mars et Vénus avaient été colonisées de façon différente. Aucune des deux planètes n'était réellement habitable pour l'homme. Mars avait donc été transformée pour permettre à l'homme d'y survivre. Et, pour survivre sur Vénus, c'est l'homme qui avait été transformé. Les deux colonies croissaient rapidement. Pourtant, bien peu de choses avaient été faites pour résoudre le problème de la surpopulation. Les vaisseaux devraient quitter la Terre jour et nuit pendant des années avant d'avoir évacué suffisamment de monde. Mais cela était économiquement impossible.

– Pourtant, si l'on parvenait à atteindre les mondes extra-solaires et s'ils ne nécessitaient pas de transformations trop coûteuses, si l'on pouvait découvrir un moyen de transport nouveau et rentable...

– Cela fait beaucoup de si, dit Mondschein.

Capodimonte acquiesça.

– Je ne le nie pas. Mais il n'y a aucune raison de ne pas essayer.

– Vous pensez sérieusement que les espers pourraient utiliser leurs pouvoirs pour lancer des humains jusqu'aux étoiles? demanda Mondschein. Vous ne croyez pas que c'est un rêve fantastique et un peu fou?

Capodimonte eut un sourire :

– Ce sont les rêves fantastiques et un peu fous qui font avancer les hommes. Ils s'en vont à la recherche du Royaume du Prêtre Jean, du Grand Passage du nord-ouest, de la Licorne... Nous aussi, nous avons notre Licorne, Mondschein. Pourquoi êtes-vous sceptique? Regardez autour de vous. Ne voyez-vous donc pas ce qui se prépare?

Mondschein se trouvait au Centre depuis une semaine maintenant. Il n'était pas encore très à l'aise, mais il avait beaucoup appris. Par exemple, il savait qu'une cité avait été construite à l'autre extrémité du Centre, uniquement pour les espers.

Six mille personnes y vivaient, dont la plupart n'avaient pas quarante ans. Les espers s'y reproduisaient comme des lapins. On avait baptisé l'endroit le Quartier de la Fertilité. Il bénéficiait d'une dispense spéciale du gouvernement qui autorisait un nombre de naissances illimité. Certaines familles du Quartier avaient cinq ou six enfants.

C'était ainsi que, lentement, on développait une nouvelle espèce d'homme. Prenez un groupe d'individus aux pouvoirs exceptionnels, placez-les en milieu clos, laissez-les choisir librement leurs compagnons et se multiplier... Oui, c'était une façon de procéder. Une autre consistait à manipuler directement le germe. C'est ainsi que l'on faisait dans le Centre, selon des techniques variées. Tectogénétique, microchirurgie, modification polynucléique, action directe sur l'A.D.N. On essayait tout. On découpait, on modelait les gènes, on jouait avec les chromosomes pour amener les minuscules appareils à reproduire une modification infime de la réplique... Tel était le but visé.

Comment cela avançait-il ? Jusqu'alors, il était difficile de le dire. Il faudrait encore cinq ou six générations avant de pouvoir évaluer les résultats obtenus. Mondschein, en tant que simple acolyte, ne possédait pas la formation nécessaire pour en juger lui-même. Pas plus que la plupart de ceux avec qui il était en contact permanent et qui étaient surtout des techniciens. Mais ils étaient libres de spéculer, et ils le faisaient, jusque tard dans la nuit.

Ce qui intéressait Mondschein, bien plus que les expériences génétiques sur les espers, c'était le travail sur le prolongement de la vie.

Dans ce domaine, les Vorsters avaient également mis au point une technique. Les banques d'organes fournissaient tous les éléments : poumons, yeux, cœurs, intestins, pancréas, reins... Tous pouvaient être désormais greffés en utilisant la technique d'irradiation destinée à combattre les anticorps. Mais cette jouvence à la carte ne conférait pas l'immortalité. Les Vorsters étaient en quête d'un moyen susceptible d'obliger les cellules à régénérer les tissus usés afin que l'impulsion d'une existence continue vînt de l'intérieur de l'organisme, sans rien devoir à des greffes.

Mondschein accomplissait son travail. Comme la plupart des gens de grade subalterne, il lui fallait donner une parcelle de sa chair tous les deux ou trois jours afin d'aider aux expériences. Les biopsies étaient une corvée, mais, en même temps, elles faisaient partie de la routine du Centre. De même, il donnait régulièrement à la banque du sperme. En tant que non-esper, il était un excellent sujet témoin. Comment trouver le gène de la téléportation ? De la télépathie ? De chacun des phénomènes paranormaux qui se dissimulaient sous le terme vague d'E.S.P. (1) ?

Mondschein coopérait. Il jouait son humble rôle dans le grand projet, tout en sachant très bien qu'il n'était qu'un fantassin dans la bataille qui s'était engagée. Il allait de laboratoire en laboratoire, se soumettant docilement aux tests, aux aiguilles et, quand il ne participait pas à ce genre d'exercice, il œuvrait dans sa spécialité, qui était d'alimenter les réacteurs nucléaires de tout le Centre.

C'était une existence très différente de celle qu'il avait connue à la chapelle de Nyack. Aucun public n'était admis ici, aucun fidèle, et il était ainsi facile d'oublier que l'on appartenait à un ordre religieux. Bien sûr, les services avaient lieu régulièrement,

---

(1) E.S.P. : *Extra Sensorial Perception :* Pouvoirs psi.

mais une sorte de professionnalisme marquait le culte et le rendait plus fonctionnel. En l'absence du moindre laïc, il était difficile d'adorer vraiment le Feu Bleu.

Dans ce climat moins pesant, Mondschein sentit diminuer son impatience. A présent, il n'avait plus à rêver de son transfert à Santa Fe puisqu'il s'y trouvait et participait aux expériences. Il ne pouvait plus qu'attendre et tenir le compte de ses mouvements en avant, tout en espérant...

Il s'était fait de nouveaux amis. Il avait développé de nouveaux centres d'intérêt. Il alla visiter des ruines antiques avec Capodimonte et partit chasser dans la Chaîne de Picuris avec un grand acolyte efflanqué, du nom de Weber.

Il devint ténor dans la chorale. Il était heureux.

Il ignorait, bien sûr, qu'il était ici en tant qu'espion des hérétiques. Tout avait été habilement effacé de sa mémoire pour être remplacé par un dispositif à retardement qui se déclencha une nuit, au début du mois de septembre.

Brusquement, Mondschein sentit qu'une bizarre compulsion s'emparait de lui.

C'était la nuit du sacrement du Méson, fête qui couronnait le solstice d'automne. Mondschein, dans sa robe bleue, se tenait dans la chapelle, entre Weber et Capodimonte. Il regardait flamboyer le réacteur sur l'autel et écoutait les voix qui psalmodiaient : *Le monde tourne et la configuration change. La vie des hommes connaît un bond dans le quantum lorsque s'éloignent peurs et doutes. Ainsi naît la certitude. Dans un éclair, une modulation de lumière, une émission de radiation venue de l'intérieur, une perception de la Fusion avec...*

Mondschein se raidit. C'étaient les paroles mêmes de Vorst. Des paroles qu'il avait si souvent entendues et qui lui étaient si familières qu'il lui semblait parfois qu'elles avaient tracé des sillons dans son cerveau. Pourtant, à présent, il avait l'impression de les entendre pour la première fois. Lorsque les mots « ... *perception de la Fusion avec...* » furent prononcés, il ouvrit la bouche et agrippa le dossier du siège qui se trouvait devant lui, presque terrassé par la douleur. C'était comme un poignard plongé dans ses entrailles.

– Est-ce que vous vous sentez mal? murmura Capodimonte.

– Ce n'est... qu'une crampe, acquiesça-t-il.

Il lutta pour se redresser. Mais il savait qu'il n'était plus dans son état normal. Il se passait quelque chose. Il ignorait quoi. Il était possédé. Il n'était plus son propre maître. Sans volonté désormais, il était prêt à obéir à un ordre dont il ignorait encore la nature mais qui, il le savait, lui serait donné au moment voulu sans qu'il pût résister.

★

Sept heures plus tard, au plus sombre de la nuit, Mondschein sut que le moment était venu.

Il s'éveilla baigné de sueur et se glissa dans sa robe. Le dortoir était silencieux. Il quitta la salle, progressant furtivement le long du couloir, et pénétra dans le puits d'accès. Quelques instants plus tard, il émergeait sur la place, devant le bâtiment.

La nuit était froide. Ici, sur le plateau, la chaleur du jour s'évanouissait rapidement à l'approche des ténèbres. Frissonnant, Mondschein s'avança dans les rues du Centre. Aucun garde n'était visible. Rien n'était à craindre au sein de cette colonie dont les membres étaient sévèrement choisis et sondés. Quelque part, un esper devait veiller, vigilant, à l'affût d'éventuelles pensées hostiles. Mais celles de Mondschein n'avaient rien qui pût paraître hostile.

Il ne savait où il se rendait, ni ce qu'il allait faire. Les forces qui le dirigeaient de l'intérieur, du plus profond de son être, échappaient à toute investigation esper. Elles guidaient ses réponses motrices et non pas ses centres cérébraux.

Il parvint à l'un des centres d'information, un bâtiment trapu, en brique, dont la façade était aveugle. Il pressa la main sur le détecteur d'entrée et attendit d'être identifié. En un instant, son schéma personnel fut comparé à ceux figurant sur la liste du personnel admis et il put pénétrer à l'intérieur.

Alors, dans son cerveau, apparut la connaissance de ce qu'il était venu chercher ici : un appareil holographique.

Ce genre de matériel se trouvait au second étage. Mondschein s'avança dans le magasin, ouvrit un placard et en sortit un objet compact d'environ quinze centimètres de largeur. Sans se hâter, il ressortit du bâtiment, l'appareil dissimulé dans une manche de sa robe. Il traversa une autre place et s'approcha du labo XXI qui abritait les services de longévité. Il y était déjà venu pour une biopsie. Il franchit très vite le diaphragme d'entrée et gagna le sous-sol. Il pénétra dans une petite pièce, sur sa gauche. Une série de microphotographies étaient alignées sur une table, près de la paroi du fond. Mondschein effleura le contact de l'activateur du sondeur et une bande de transport plaça les clichés dans le projecteur. Ils commencèrent à apparaître.

Mondschein braqua l'appareil et prit un hologramme de chacun des clichés au fur et à mesure qu'ils apparaissaient. Ce fut très vite terminé. Le laser jaillissait, explorait l'objectif et revenait, coupant un second rayon selon un angle de 45°. Les hologrammes ne pourraient être lus sans un matériel spécialement prévu. Seul un second laser, réglé selon le même angle que celui qui avait pris les hologrammes, pourrait transformer les cercles sécants des plaques en images logiques. Ces images, Mondschein le savait, étaient tridimensionnelles et d'une définition extraordinairement précise. Mais il ne s'interrompit pas pour réfléchir à l'usage qui pourrait en être fait.

Il se déplaça dans le laboratoire, photographiant tout ce qui pouvait présenter de l'intérêt. L'appareil pouvait prendre des centaines de clichés sans qu'il fût besoin de le recharger. Mondschein mitraillait sans arrêt. En deux heures, il enregistra en trois dimensions à peu près tout ce que contenait le laboratoire.

Il sortit en frissonnant dans le froid de l'aube. Le jour pointait. Il alla replacer l'appareil là où il l'avait pris, après avoir récupéré la capsule qui contenait les minuscules plaques holographiques. La capsule n'était pas plus grande que l'ongle du pouce. Il la glissa dans sa poche et regagna le dortoir.

Dès que sa tête eut touché l'oreiller, il oublia qu'il avait quitté la salle durant la nuit.

Au matin, il déclara à Capodimonte :

— Si nous allions jusqu'aux Frijoles, aujourd'hui ?

— Ça vous fait vraiment envie, hein ? fit Capodimonte avec un sourire.

Mondschein eut un haussement d'épaules.

— Ce n'est qu'une envie passagère. Je veux seulement visiter les ruines...

— Alors, nous pourrions aller à Puye. Vous ne connaissez pas. C'est très impressionnant et très différent de...

— Non, Frijoles, insista Mondschein. D'accord ?

Ils obtinrent une autorisation de sortie. Pour les techniciens de grade inférieur, ce n'était pas très difficile. Au début de l'après-midi, ils partirent vers l'ouest, en direction des ruines indiennes. La larme bourdonnait sur la route de Los Alamos qui avait été, à l'ère précédente, une cité scientifique secrète. Au monument national de Bandelier, cependant, ils tournèrent à gauche pour s'engager sur une antique route d'asphalte qui, après une dizaine de kilomètres, atteignait le centre véritable du parc.

Il n'y avait jamais foule ici mais, à présent que l'été s'achevait, l'endroit était pour ainsi dire désert.

Les deux acolytes descendirent l'allée principale, traversèrent les ruines circulaires du pueblo nommé Tyuonyi, creusées dans des blocs de lave. Ils prirent ensuite la petite route qui montait en serpentant vers les grottes. Lorsqu'ils atteignirent la *kiva*, la salle qui avait abrité les cérémonies préhistoriques des Indiens, Mondschein déclara :

– Attendez une minute. Je veux jeter un coup d'œil.

Il grimpa sur l'échelle de bois et se hissa à l'intérieur de la *kiva*. Les murs étaient noircis par la fumée des feux anciens. La pierre était creusée de niches où, autrefois, l'on entreposait les objets rituels. Calmement, sans avoir réellement conscience de ce qu'il faisait, Mondschein sortit la petite capsule d'hologrammes de sa poche et la déposa dans un recoin de la niche située à l'extrémité gauche de la rangée. Ensuite, il resta un moment à examiner la *kiva*, puis revint.

Capodimonte était juché sur un rocher blanc, au bas de la falaise, et contemplait la gigantesque paroi rouge du canyon.

– Auriez-vous envie d'une vraie promenade, aujourd'hui? demanda Mondschein.

– Jusqu'où? Aux ruines Frijoles?

– Non. (Mondschein désigna le haut de la paroi.)

Du côté de Yapashi. Ou jusqu'aux Lions de Pierre.

— Cela fait une bonne dizaine de kilomètres, remarqua Capodimonte. Et nous l'avons faite à la mi-juillet. Je ne me sens pas le courage de recommencer, Chris.

— Alors, rentrons.

— Il est inutile de vous mettre en colère, dit Capodimonte. Voyons, nous pourrions aussi bien aller jusqu'à la Grotte des Cérémonies. Ça fait une bonne petite promenade. Trop c'est trop, Chris.

— D'accord, dit Mondschein. La Grotte des Cérémonies.

Ils se mirent en route. La progression se révéla difficile. Ils n'avaient pas parcouru cinq cents mètres que Capodimonte était à bout de souffle. Impitoyable, Mondschein ne ralentit nullement son allure, traînant son compagnon à sa suite. Ils atteignirent les ruines, les visitèrent à toute allure et firent demi-tour. Lorsqu'ils atteignirent les bâtiments du parc, Capodimonte déclara qu'il désirait se reposer un instant et manger un peu avant de regagner le Centre.

— Faites, dit Mondschein. Je vais aller farfouiller un peu dans les souvenirs.

Il attendit que Capodimonte se fût éloigné puis, pénétrant dans la boutique, il marcha jusqu'à la cabine de communication. Un numéro avait été hypnotiquement implanté dans son esprit des mois plus tôt, alors qu'il se relaxait dans une Chambre du Néant.

— Eternelle Harmonie, dit une voix.

— Ici, Mondschein. Je voudrais parler à quelqu'un de la Troisième Section.

— Un instant, je vous prie.

Mondschein attendit. Son esprit était vide. Il n'était plus qu'un somnambule, en cet instant.

Une voix douce chuchota :

— Parlez, Mondschein. Donnez-nous les détails.

Economisant ses paroles, Mondschein expliqua à quel endroit il avait caché la capsule d'hologrammes. La voix douce le remercia. Il coupa la communication et quitta la cabine. Un instant plus tard, Capodimonte vint le rejoindre, restauré et un peu reposé.

— Vous avez trouvé quelque chose à acheter ?
— Non, rien. Partons.

Capodimonte conduisait. Mondschein regardait défiler le paysage à toute allure et il s'absorba dans sa contemplation. Pourquoi avait-il voulu venir ici aujourd'hui ? Il n'en avait pas la moindre idée. Il ne se souvenait de rien, ne conservait pas le moindre détail de son acte d'espionnage. L'effaçage avait été total.

★

Ils vinrent le chercher une semaine plus tard, à minuit. Un robot massif entra dans la salle sans avertissement et s'arrêta près de son lit. Ses pinces volumineuses étaient prêtes à le saisir s'il tentait de s'échapper. Un petit homme au visage acéré, appelé Magnus, accompagnait le robot. C'était un des Frères Superviseurs du Centre.

— Que se passe-t-il ? demanda Mondschein.
— Habillez-vous, espion. Nous allons vous interroger.
— Je ne suis pas un espion. Il y a erreur, Frère Magnus.
— Gardez vos arguments, Mondschein. Debout. Levez-vous. N'essayez pas d'user de violence.

Mondschein était abasourdi. Mais il ne pouvait se permettre de résister à Magnus, pas plus qu'à huit cents livres de métal commandées par une intelligence vive comme l'éclair. Perplexe, il quitta son lit

85

et enfila sa robe. Il suivit Magnus sans mot dire. Dans le hall, les autres firent leur apparition et le regardèrent. Il y eut quelques murmures.

Dix minutes plus tard, il se retrouvait dans une pièce circulaire, au cinquième étage du principal bâtiment administratif du Centre, entouré de plus de dignitaires de la Fraternité qu'il n'avait jamais espéré en rencontrer. Ils étaient au nombre de huit, tous haut placés dans le conseil. L'angoisse lui noua les entrailles.

– L'esper est arrivé, murmura une voix.

Ils avaient envoyé une fille. Elle n'avait pas plus de seize ans, un visage lisse et blême, marqué de taches rougeâtres. Son regard était vif, jamais immobile, inquiétant. Mondschein éprouva du dégoût dès qu'il vit la fille et il essaya désespérément de cacher son émotion, sachant très bien qu'elle pouvait régler son sort d'un seul mot. Peine perdue. Elle perçut son mépris à l'instant où elle entra dans la salle et ses lèvres charnues esquissèrent un faible sourire. Elle redressa son corps mince.

– Voici l'homme, dit le Superviseur Magnus. Que lis-tu en lui?

– La peur. La haine. La méfiance.

– Et à propos de la trahison?

– Il n'est loyal qu'à lui-même, dit l'esper en croisant les mains sur son ventre avec complaisance.

– Nous a-t-il trahis? insista Magnus.

– Non. Je ne vois rien qui indique cela.

– Si je pouvais demander le sens de..., commença Mondschein.

– Silence! dit sèchement Magnus.

– L'évidence est criante, dit un autre Superviseur. Peut-être la fille se trompe-t-elle...

– Sonde-le plus profondément, dit Magnus. Retourne en arrière. Jour après jour. Fouille ses souvenirs. N'oublie rien. Tu sais ce que nous cherchons.

Déconcerté, Mondschein examina en vain les visages de marbre. La fille semblait s'amuser.

Sale vicieuse! pensa-t-il. *Vas-y! Sonde-moi tant que tu voudras!*

– Il pense que ça me fait plaisir, dit la fille. Il devrait essayer de nager dans une fosse à purin, un de ces jours. Il verrait ce que ça donne.

– Sonde-le, répéta Magnus. Il est tard et nous avons beaucoup de questions à éclaircir.

Elle acquiesça. Mondschein attendit que quelque sensation vînt le prévenir du sondage, quelque perception de doigts invisibles fouillant son cerveau, mais il n'y eut rien de tel. De longs instants s'écoulèrent en silence, puis la fille eut un regard de triomphe.

– La nuit du 13 mars a été effacée, dit-elle.

– Peux-tu pénétrer cet effacement? demanda Magnus.

– Impossible. C'est un travail d'expert. Ils ont supprimé toute cette nuit de sa mémoire. Ils lui ont mis des contre-souvenirs à la place. Il ignore tout de ce qu'il a fait.

Les Superviseurs se regardèrent. Sous sa robe, Mondschein sentait ruisseler la sueur. Il en percevait l'odeur. Un muscle se contractait sur une de ses joues et son front était atrocement douloureux. Mais il ne fit pas un mouvement.

– Elle peut s'en aller, dit enfin Magnus.

Lorsque l'esper eut quitté la pièce, l'atmosphère fut un peu moins tendue. Mais Mondschein ne retrouva pas son calme pour autant.

Il avait le sentiment désespéré, morne qu'il avait d'ores et déjà été jugé et condamné pour un crime dont il ignorait la nature. Il songea aux histoires probablement apocryphes à propos des colères de la Fraternité. A cet homme auquel on avait retiré les centres de la douleur, à l'esper qui avait enduré le supplice de la surcharge, au Superviseur renégat qui avait passé quatre-vingt-seize heures dans une Chambre du Néant. Il se dit qu'il était possible qu'il découvre très bientôt à quel point ces histoires étaient exactes.

— Pour votre information, Mondschein, dit Magnus, sachez que quelqu'un est entré dans le laboratoire de longévité et a tout holographié. Le travail a été parfaitement exécuté. Mais nous avions placé un dispositif d'alerte et vous l'avez déclenché.

— Monsieur, je jure que je n'ai jamais mis les pieds dans le...

— Taisez-vous, Mondschein! Le lendemain matin, nous avons procédé à une analyse par activation neutronique... Pure routine. Nous avons relevé des traces de tungstène et de molybdène laissées par vous alors que vous preniez ces hologrammes. Elles correspondent à votre schéma dermique. Il nous a fallu quelque temps pour vous identifier. Mais il n'y a aucun doute : les mêmes traces neutroniques se retrouvent sur l'appareil de prise de vues, sur le matériel du labo et sur votre main. Vous avez été envoyé ici pour nous espionner, que vous le sachiez ou non.

— Kirby est là, dit un autre Superviseur.

— J'aimerais savoir ce qu'il va penser de tout ça, fit Magnus d'un air sombre.

Mondschein vit entrer la longue silhouette de Reynolds Kirby. Ses lèvres minces étaient serrées. Il semblait avoir vieilli d'au moins dix années depuis que Mondschein l'avait rencontré dans le bureau de Langholt.

Magnus se retourna et s'exclama avec une irritation non voilée :

– Voici votre homme, Kirby. Qu'en pensez-vous, à présent ?

– Ce n'est pas mon homme, rétorqua Kirby.

– Vous avez approuvé son transfert ici, coupa Magnus. Peut-être devrions-nous vous sonder, *vous aussi*, non ? Quelqu'un a réussi à placer une bombe parmi nous et à la faire exploser. Il a holographié tout un labo.

– Peut-être pas, dit Kirby. Peut-être cache-t-il encore les clichés quelque part ?

– Il a quitté le Centre le lendemain. Il est allé visiter d'anciennes ruines indiennes en compagnie d'un autre acolyte. Il est à peu près certain qu'il a déposé les hologrammes quelque part, à l'extérieur du Centre.

– Avez-vous surveillé le courrier ?

– Nous nous écartons du sujet, dit Magnus. Ce qui compte, c'est que cet homme est arrivé ici avec votre recommandation. Vous l'avez sorti d'on ne sait où et vous l'avez envoyé ici. Ce que nous aimerions savoir, c'est où vous l'avez trouvé et pourquoi vous nous l'avez envoyé.

Le visage maigre de Kirby, pendant un bref instant, afficha une expression totalement absente. Puis il foudroya Mondschein du regard et Magnus ensuite, avec une hostilité encore plus visible. Il déclara enfin :

– Je ne peux accepter la responsabilité de l'envoi de cet homme au Centre. Il m'a écrit en février pour demander son transfert. Il n'avait pas franchi les échelons de la hiérarchie locale et je lui ai donc retourné sa demande en lui conseillant de se montrer un peu plus discipliné. Quelques semaines plus tard, j'ai reçu des instructions pour son transfert. J'ai été surpris, c'est le moins que je puisse dire, mais j'ai approuvé ce transfert. C'est tout ce que je sais.

Magnus tendit l'index :

— Attendez un instant, Kirby. Vous êtes Superviseur. Qui vous donne vos instructions? Comment pouvez-vous être obligé d'accepter un transfert alors que vous disposez de toute l'autorité requise pour le refuser?

— Les instructions émanaient d'une autorité supérieure.

— Cela me paraît difficile à croire, dit Magnus.

Mondschein restait silencieux, au centre de cet affrontement duquel dépendait son sort. Il n'avait jamais compris comment il avait pu être transféré et il commençait à s'apercevoir que nul n'en savait plus que lui à ce propos.

— Ces instructions provenaient d'une source que je puis difficilement nommer, dit Kirby.

— Vous cherchez à vous couvrir, Kirby?

— Vous abusez de ma patience, Magnus, dit Kirby d'un ton sec.

— Je veux savoir qui a placé cet espion parmi nous!

— Très bien... Je vais vous le dire. Je vous prends tous à témoin. L'ordre émanait de Vorst. Noël Vorst lui-même m'a appelé et m'a dit qu'il désirait que cet homme soit transféré ici. C'est Vorst qui vous l'a envoyé. *Vorst!* Qu'est-ce que vous en dites?

★

Ils n'avaient pas fini d'interroger Mondschein. Des espers le prirent en charge et essayèrent sans succès de franchir le mur de l'effacement. Ils employèrent aussi des méthodes organiques: Mondschein fut saturé de sérums de vérité, anciens et nouveaux, du sodium au penthotal. Des légions de Frères aux visages fermés le questionnèrent. Il mit son âme à nu, et tout ce qu'il pouvait y avoir de mauvais, de douteux en lui, tout ce qui faisait de lui un *humain* apparut clairement. Ils ne trouvèrent rien d'utile. Quatre heures d'immersion dans une Chambre du Néant n'eurent guère plus de résultats. Mondschein fut ensuite trop abruti pour répondre aux questions qui lui furent posées durant les trois jours qui suivirent.

Il était aussi perplexe qu'eux. Il aurait été heureux de leur confier ses péchés les plus hideux. En fait, plusieurs fois, durant ce long interrogatoire, il se confessa *vraiment*, mais les espers détectèrent nettement ses motivations et en rirent. Mondsheim comprenait que, de quelque façon, il avait été capturé par les ennemis de la Fraternité et qu'il avait conclu un pacte avec eux, pacte qu'il avait tenu. Mais il n'en possédait plus aucune connaissance intime. Tous ces chapitres avaient disparu de sa mémoire et cela le terrifiait.

Il savait qu'il était condamné. On ne le garderait pas à Santa Fe, naturellement. Le rêve qu'il avait nourri de profiter de l'immortalité quand elle serait conquise était anéanti. On le chasserait avec des épées flamboyantes, il s'userait et deviendrait vieux. Il perdrait sa chance ultime. A moins qu'ils ne le tuent tout de suite ou ne lui réservent quelque forme de destruction plus raffinée.

Une neige légère de décembre tombait lorsque le Superviseur Kirby vint lui annoncer son destin.

– Vous pouvez partir, Mondschein, lui dit le grand homme d'un air sombre.

– Partir? Où?

– Où vous voudrez. Votre affaire a été jugée. Vous êtes coupable, mais il existe des doutes justifiés concernant votre participation volontaire. Vous êtes exclu de la Fraternité, mais aucune autre mesure ne sera prise contre vous.

– Cela signifie-t-il que suis également exclu de l'église en tant que communiant?

— Pas nécessairement. Cela vous regarde, Mondschein. Si vous voulez continuer à fréquenter le culte, nous ne vous refuserons pas notre réconfort. Mais il n'est plus possible pour vous d'occuper un poste dans notre Eglise. Nous ne pouvons courir d'autre risque. J'en suis désolé, Mondschein.

Mondschein lui aussi était désolé, mais également soulagé. Ils ne se vengeraient pas. Il ne perdrait pas la chance de gagner la vie éternelle et peut-être même pourrait-il la rattraper en tant que fidèle ordinaire...

Certes, il avait perdu toute possibilité de monter dans la hiérarchie vorster, mais il existait une autre hiérarchie, se disait-il. Une hiérarchie dans laquelle un homme tel que lui pouvait s'élever plus facilement.

La Fraternité le raccompagna jusqu'à la ville de Santa Fe, lui fournit un peu d'argent et le libéra. Mondschein se dirigea immédiatement vers la plus proche chapelle de l'Harmonie Transcendante qui se trouvait à Albuquerque, à vingt minutes de là.

— Nous vous attendions, lui déclara un Harmoniste en robe verte. J'ai reçu des instructions pour contacter mes supérieurs dès que vous feriez votre apparition.

Mondschein n'en fut pas surpris. Pas plus qu'il ne le fut, quelque temps plus tard, quand on lui dit qu'il allait partir à l'instant pour Rome par vivenef. Les Harmonistes assumeraient les frais du voyage.

Une femme mince dont les paupières avaient été chirurgicalement modifiées l'attendait à Rome. Sa vue ne lui était pas familière, mais elle lui sourit pourtant comme s'ils étaient de vieux amis. Elle le conduisit jusqu'à une demeure de la Via Flaminia, à quelques dizaines de kilomètres au nord de Rome.

Là, un Frère harmoniste au visage blême, au nez bulbeux l'attendait.

– Bienvenue, dit-il. Vous souvenez-vous de moi?

– Non, je... oui, *oui!*

La mémoire lui était brusquement revenue. Il en fut étourdi et chancela. Il y avait eu dans cette pièce, la première fois, trois hérétiques, et non un seul. Ils lui avaient offert du vin et lui avaient promis un poste dans la hiérarchie. Et il avait accepté d'être introduit à Santa Fe, d'être un soldat de la grande croisade, un Guerrier de Lumière, un espion au service des Harmonistes.

– Vous vous en êtes bien tiré, Mondschein, lui dit l'hérétique d'une voix onctueuse. Nous ne pensions pas que vous seriez découvert aussi rapidement, mais nous ne connaissons pas toutes leurs méthodes de détection. Nous ne pouvions guère que vous défendre contre les espers et je considère que nous y sommes assez bien parvenus. En tout cas, les informations que vous nous avez fournies sont très utiles.

– Tiendrez-vous vos engagements? Aurai-je un poste de dixième degré?

– Bien sûr. Vous ne pensez pas que nous vous aurions trompé, n'est-ce pas? Vous subirez trois mois d'endoctrinement afin de mieux connaître notre mouvement. Puis, vous assumerez un nouveau rôle. Que préférez-vous, Mondschein? Mars ou Vénus?

– Mars ou Vénus? Je ne vous comprends pas.

– Vous allez faire partie de nos missionnaires. Vous quitterez la Terre l'été prochain pour aller œuvrer dans l'une des colonies. Vous êtes donc libre de choisir celle que vous préférez.

Mondschein était abasourdi. Il n'avait jamais envisagé cela. Se vendre à ces hérétiques pour se retrouver sur un monde étranger, dans la peau d'un martyr! Non, il ne s'était attendu à rien de tel.

Faust non plus ne s'attendait pas à ses ennuis, songea-t-il.

– Quelle sorte de piège est-ce là? Vous n'avez pas le droit de me demander d'être missionnaire!

– Nous vous offrons un poste de Dixième degré, dit calmement l'Harmoniste. Le choix de la catégorie nous revenait.

Mondschein resta silencieux, bien qu'il ressentît une terrible pression dans le cerveau. Il pouvait sortir... et n'être rien... Ou s'incliner et devenir... quoi? N'importe quoi. Oui, n'importe quoi.

Mort en six semaines, probablement.

– J'accepte, dit-il, et ces paroles lui firent l'impression d'une porte se refermant sur une cage.

L'Harmoniste hocha la tête.

– Je le savais, dit-il.

Il se détourna pour sortir, puis s'arrêta et demanda avec un accent de curiosité :

– Mais pensez-vous vraiment avoir le choix..., *espion*?

2135

LES ÉLUS DE VÉNUS

Le jeune Vénusien dansait avec agilité autour de l'amas de Mousse Mangeuse derrière la chapelle, évitant la redoutable végétation bleu-vert avec l'aisance que donne une longue pratique. Il bondit de l'autre côté du tronc caoutchouteux d'un Faux Tilleul et s'avança vers la rangée dense de tiges entrelacées qui garnissait le fond de la cour. Il leur sourit et elles lui ouvrirent avec obligeance un sentier pour le laisser passer, tout comme la mer Rouge s'était autrefois ouverte devant Moïse.

– Me voici, annonça-t-il à Nicholas Martell.

– Je ne pensais pas que tu reviendrais, dit le missionnaire vorster.

Elwhit, le garçon, prit une expression vexée.

– Frère Christopher a dit que je ne pourrais jamais revenir. C'est pour ça que je suis ici. Parlez-moi du Feu Bleu. Est-ce que vous arrivez réellement à faire de la lumière avec les atomes?

– Viens à l'intérieur, dit Martell.

Le garçon représentait sa première conquête depuis son arrivée sur Vénus. Mais Martell ne s'arrêtait pas à ces considérations. Un pas en avant n'était qu'un pas en avant. Il y avait une planète à gagner.

A l'intérieur de la chapelle, le garçon recula, soudain craintif. Il n'avait pas plus de dix ans, estima Martell. N'était-il venu que poussé par de mauvaises intentions? Ou bien était-il un espion de la chapelle hérétique qui se dressait au bout de la route? Aucune importance. Martell devait le traiter comme un fidèle en puissance.

Il alluma l'autel et le Feu Bleu brilla bientôt dans la petite pièce. Les couleurs se mirent à danser sur les poutres du plafond. L'énergie flamboyait dans le cube de cobalt et les inoffensives radiations arrachèrent un gémissement de peur à Elwhit.

— Le Feu est un symbole, murmura Martell. Il existe une Unité sous-jacente de l'univers. Une base, comprends-tu? Sais-tu ce que sont les particules atomiques? Les protons, les électrons, les neutrons? Les choses qui composent tout ce qui existe?

— Je peux les toucher, dit Elwhit. Je peux les faire bouger.

— Tu veux me montrer comment tu fais?

Martell se rappelait la façon dont le garçon avait fait s'écarter les plantes en lames, au fond de la cour. Un regard, une pression mentale, et elles s'étaient déplacées. Ces Vénusiens, il en était persuadé, pouvaient se téléporter.

— Comment fais-tu pour les faire bouger? demanda-t-il.

Mais Elwhit haussa les épaules et dit:

— Parlez-moi encore du Feu Bleu.

— As-tu lu le livre que je t'ai donné? Celui de Vorst? Il contient tout ce que tu veux savoir.

— Frère Christopher me l'a pris.

— Tu le lui as montré? demanda Martell, surpris.

— Il voulait savoir pourquoi je venais vers vous. Je lui ai dit que vous me parliez et que vous m'aviez donné un livre. Il me l'a pris. Je suis revenu. Dites-moi pourquoi vous êtes ici. Dites-moi ce que vous enseignez.

Martell n'avait jamais imaginé que son premier converti serait un enfant. Avec prudence, il dit : « Notre religion est très proche de celle que prêche Frère Christopher. Mais il existe quelques différences. Ils inventent beaucoup d'histoires. De belles histoires, mais qui ne sont rien de plus que des histoires...

– Celle de Lazarus, vous voulez dire ?

– C'est cela. Ce sont des mythes, rien de plus. Nous essayons d'éviter ce genre de choses. Nous désirons toucher les bases mêmes de l'univers. Nous...

Le garçon perdit soudain tout intérêt pour le discours de Martell. Il tira sur sa tunique et poussa la chaise. C'était l'autel qui le fascinait, rien d'autre. Son regard brillant était fixé sur lui.

– Le cobalt est radioactif, dit Martell. Il produit des rayons bêta... des électrons. Ils vont percuter les photons et les libèrent. C'est ce qui produit la lumière.

– Je peux arrêter la lumière, dit le garçon. Est-ce que vous seriez fâché si je l'arrêtais ?

C'est en quelque sorte un sacrilège, se dit Martell. Mais il pensait qu'il lui serait pardonné. La moindre preuve de l'existence de la téléportation pouvait être infiniment utile.

Le garçon demeura immobile. Mais le rayonnement diminua. C'était comme si une main invisible venait de pénétrer dans le réacteur, interceptant les particules. Télékinésie au niveau sub-atomique ! Martell était à la fois heureux et terrifié en regardant s'éteindre la lumière. Puis, soudain, le rayonnement redevint plus vif. Des gouttes de sueur perlaient sur le front bleuâtre du garçon.

– C'est tout, annonça-t-il.

– Comment as-tu fait ?

— Je l'ai touché. (Il rit.) Vous ne le pouvez pas, vous?

— Je crains que non, dit Martell. Ecoute : si je te donne un autre livre à lire, me promets-tu de ne pas le montrer au Frère Christopher? Je n'en ai pas beaucoup. Je ne voudrais pas que les Harmonistes les confisquent tous.

— La prochaine fois, dit le garçon. Je n'ai pas envie de lire, maintenant. Je reviendrai. Vous me raconterez tout ça une autre fois.

Il s'éloigna en dansant, quitta la chapelle et sauta dans les fourrés, insouciant des dangers qui le guettaient dans la forêt obscure, au delà.

Martell le regarda disparaître. Il ne savait pas s'il avait vraiment réussi sa première catéchèse ou s'il avait été dupé.

Peut-être les deux étaient-ils vrais, se dit-il.

Nicholas Martell était arrivé sur Vénus dix jours auparavant, à bord d'un vaisseau de Mars. Il y avait trente passagers mais aucun ne lui avait proposé sa compagnie. Dix étaient des Martiens qui n'avaient pas la moindre envie de respirer le même air que lui. Les Martiens, à présent que leur planète avait été confortablement terraformée, préféraient s'emplir les poumons d'un mélange de gaz terrestres. Celui-là même que Martell respirait il n'y a pas si longtemps, car il était né sur la Terre. Mais désormais il était l'un des Transformés. Il possédait d'authentiques branchies vénusiennes. En fait, ce n'étaient pas vraiment des branchies : elles n'auraient été d'aucune utilité sous l'eau. C'étaient des filtres à haute densité destinés à prélever les molécules d'oxygène présentes dans l'atmosphère de Vénus. Martell était parfaitement adapté. Son métabolisme n'avait nul besoin d'hélium ni de tout autre gaz inerte, mais il pouvait survivre à l'usage exclusif de l'azote et n'était nullement opposé à la combustion du gaz carbonique pour de courtes périodes de temps. Les chirurgiens de Santa Fe avaient travaillé sur lui durant six mois. Ils avaient quarante années de retard pour d'éventuelles améliorations de l'ovule-Martell ou du fœtus-Martell telles qu'on en pratiquait pour adapter les humains à Vénus. Ils avaient donc opéré sur l'homme-Martell. Le sang qui circulait dans ses artères n'était plus rouge. Sa peau avait une teinte légèrement cyanosée. Il était presque natif de Vénus.

A bord du vaisseau, se trouvaient aussi dix-neuf véritables Vénusiens. Mais ils n'éprouvaient aucune sympathie pour Martell et ils l'avaient obligé à se tenir à l'écart. L'équipage l'avait installé dans une chambre de stockage en s'excusant : « Vous savez comment sont ces Vénusiens, mon Frère. Un seul regard et ils se jettent sur vous avec leur poignard. Restez donc là... Vous y serez plus en sécurité. (Et l'homme avait ajouté, avec un sourire bref.) Vous seriez même plus en sécurité si vous retourniez sur Terre sans même poser le pied sur Vénus... »

Martell avait souri. Il était prêt à affronter le pire sur Vénus.

Durant les quarante années qui s'étaient écoulées, l'ordre de Martell avait eu des dizaines de martyrs sur Vénus. Martell était un Vorster ou, plus précisément, un membre de la Fraternité de la Radiation Immanente, et il s'était voué au département des missions.

A la différence de ses prédécesseurs, il était chirurgicalement adapté à la vie sur Vénus. Les autres avaient dû supporter des pressions atmosphériques qui avaient sans nul doute limité leur autonomie de mouvement. Les Vorsters n'avaient pas encore réussi à progresser sur Vénus bien qu'ils fussent le premier ordre religieux sur la Terre, depuis plus d'une génération. Martell, solitaire, adapté, avait pour objectif lointain l'installation d'un ordre vénusien de la Fraternité.

Il était grand et maigre, le visage pâle et aigu, les yeux profondément enfoncés.

Vénus l'avait durement accueilli. Il avait perdu connaissance dans les turbulences de l'atterrissage, alors que le vaisseau traversait la couche nuageuse. Puis, lorsqu'il s'était éveillé, il s'était retrouvé assis.

Par le hublot, il avait eu sa première vision de Vénus : une étendue pâle, couleur de glaise, qui, sur un kilomètre, n'offrait au regard que des arbres tordus, au feuillage sinistre et bleuâtre. Le ciel était immuablement gris et des amas de nuages tourbillonnaient à basse altitude.

Des techniciens-robots surgirent d'un bâtiment trapu, à l'aspect étrange, et se ruèrent sur le vaisseau pour vaquer aux routines d'entretien.

A l'intérieur de la station, un Vénusien de caste inférieure toisa le Vorster avec indifférence, prit son passeport et demanda d'une voix glaciale :

– Religieux ?

– C'est exact.

– Comment êtes-vous arrivé jusqu'ici ?

– Grâce au Traité de 2128, dit Martell. Contingent limité d'observateurs terrestres, scientifiques, laïcs ou...

– Ça va. (Le Vénusien pressa le doigt sur une page du passeport et un visa apparut, scintillant.) Nicholas Martell... Vous mourrez ici, Martell. Pourquoi ne retournez-vous pas d'où vous venez ? Les hommes ne vivent-ils pas éternellement, là-bas ?

– Ils vivent longtemps. Mais j'ai une tâche à accomplir ici.

– Idiot !

– Peut-être, admit Martell avec calme. Puis-je m'en aller ?

— Où allez-vous résider ? Nous n'avons pas d'hôtels.

— L'Ambassade martienne s'occupera de moi jusqu'à mon installation.

— Vous ne vous installerez jamais, dit le Vénusien.

Martell ne le contredit pas. Il savait qu'un Vénusien, fût-il de basse caste, se considérait comme supérieur à un Terrien et que la moindre contradiction était considérée comme une insulte mortelle. Martell ne se sentait pas prêt pour un duel au poignard et, n'étant pas orgueilleux par nature, il était disposé à subir toute espèce d'humiliation pour le bien de sa mission.

Le Vénusien lui rendit son passeport. Martell reprit son unique valise et quitta le bâtiment.

Maintenant, se dit-il, il allait avoir besoin d'un taxi. Il était à plusieurs kilomètres de la ville. Avant son entrevue avec Weiner, l'ambassadeur martien, il devait se reposer. Les Martiens n'avaient pas grande sympathie pour ses objectifs mais ils étaient au moins prêts à protéger sa présence sur ce monde. Il n'existait ici aucune ambassade terrienne, pas même un consulat. Les liens entre la planète-mère et son orgueilleuse colonie étaient rompus depuis longtemps.

Des taxis étaient en stationnement à l'autre bout du terrain. Martell se mit en route. Le sol craquait sous ses pas, comme s'il n'était fait que d'une mince et fragile croûte. Ce monde était sombre. Il n'y avait pas le moindre rai de soleil qui perçât les nuages. En tout cas, songea Martell, son corps adapté fonctionnait parfaitement.

Le terrain du spatioport lui semblait bien désert. Il n'apercevait que des robots, de tous côtés. Vénus était un monde à faible population et ne comptait pas plus de trois millions d'habitants répartis dans ses sept principales cités. Les Vénusiens étaient des pionniers, bien connus pour leur arrogance. Une semaine sur la Terre suffirait à changer leurs manières, se dit Martell.

– Taxi! appela-t-il.

Aucun robocar ne quitta la file. Les robots avaient-ils le même tempérament arrogant? se demanda Martell. Ou bien était-ce à cause de son accent?

Il appela une seconde fois et n'obtint pas plus de succès.

C'est alors qu'il comprit.

Des passagers vénusiens venaient de faire leur apparition et se dirigeaient vers les taxis. Naturellement, ils avaient la préséance.

Martell les observa. C'étaient des hommes de la caste supérieure, différents du préposé aux passeports. Ils marchaient avec un déhanchement insolent et il comprit qu'ils l'obligeraient à s'agenouiller s'il se mettait en travers de leur chemin.

Il éprouvait un certain mépris à leur égard. Qu'étaient-ils donc, sinon des samouraï à peau bleue, des lairds de frontière, princes infantiles perdus dans un rêve moyenâgeux? Des hommes sûrs d'eux-mêmes n'auraient eu nul besoin de marcher ainsi, ni de s'entourer de codes de chevalerie aussi complexes.

Pourtant, ils étaient réellement impressionnants tandis qu'ils paradaient sur le terrain. C'était plus qu'une tradition qui séparait les deux castes de Vénus. La différence était biologique.

Ceux de la haute caste étaient les descendants des premiers arrivants. Ils appartenaient aux familles des fondateurs de la colonie et ils étaient bien plus étrangers, physiquement et mentalement, que les Vénusiens de récente implantation. Les premières modifications génétiques avaient été brutales. Les colons avaient été pratiquement changés en monstres. Ils mesuraient plus de deux mètres cinquante, leur peau était d'un bleu sombre, parsemée de pores énormes, et des branchies rouges pendaient sous leur gorge. C'étaient des créatures dont on ne pouvait croire à l'ascendance terrienne.

Plus tard, il était devenu possible d'adapter les hommes à la seconde planète du système solaire sans trop modifier le modèle humain. Les deux races de Vénusiens survivaient de façon identique puisqu'elles résultaient toutes deux de manipulations génétiques. Toutes deux avaient le même sens excessif de l'honneur, toutes deux étaient désormais étrangères, extérieurement et intérieurement, par le corps et par l'esprit. Mais c'était ceux dont les ancêtres avaient appartenu aux plus Transformés des Transformés qui détenaient le pouvoir. Ils avaient fait une vertu de leur étrangeté et la planète était leur domaine.

Martell regarda s'éloigner les Vénusiens. Il n'y avait plus aucun taxi en vue. Les dix passagers martiens du vaisseau grimpaient dans un véhicule, de l'autre côté du dépôt. Martell regagna la station. Le Vénusien de basse caste lui décocha un coup d'œil méprisant.

– Quand pourrai-je avoir un taxi pour me conduire en ville? demanda Martell.

– Vous n'en aurez pas. Ils ne reviendront pas aujourd'hui.

– Il faut donc que j'appelle l'ambassade martienne. Ils m'enverront un véhicule.

– Vous en êtes certain? Pourquoi se soucieraient-ils de vous?

– Vous avez peut-être raison, dit Martell d'un ton absent. Je ferais peut-être aussi bien d'y aller à pied.

Le regard du Vénusien récompensa largement sa

décision. Il y avait de l'ébahissement, de la stupéfaction dans les yeux de l'homme. Et peut-être même une certaine admiration, mêlée à l'idée que Martell devait être un fou.

Il quitta la station et se mit en marche, suivant l'étroit ruban de la route, tandis que l'atmosphère moite et étrangère imprégnait rapidement son corps modifié.

★

C'était une marche solitaire. Dans la muraille de la végétation, il n'y avait pas la moindre habitation visible. Pas le moindre véhicule. Les arbres bleuâtres, sombres et sinistres, se dressaient de chaque côté de la route, formant une voûte maléfique. Leurs feuilles lancéolées luisaient doucement dans la clarté diffuse. Un bruissement se faisait parfois entendre, comme si des bêtes cheminaient dans les fourrés.

Dans l'esprit de Martell, des plans s'esquissaient. Il construirait une petite chapelle et ferait savoir ce que la Fraternité avait à offrir : la vie éternelle et la clé des étoiles. Les Vénusiens menaçeraient de le tuer, tout comme ils l'avaient fait pour les précédents missionnaires de la Fraternité, mais Martell était prêt à mourir si cela était nécessaire pour que les autres puissent atteindre les étoiles. Sa foi était puissante.

Avant son départ, les supérieurs de la Fraternité lui avaient souhaité personnellement bonne chance. Le vieux Reynolds Kirby, Coordinateur d'Hémisphère, lui avait serré la main. Il avait été encore plus surpris lorsque Vorst lui-même, Noël Vorst, le Fondateur, personnage légendaire et âgé de plus d'un siècle, s'était avancé vers lui pour dire d'une voix frêle :

— Je sais que votre mission portera ses fruits, Frère Martell.

Il était encore bouleversé par le souvenir de ce glorieux moment.

Mais à présent il marchait; l'apparition de quelques habitations en deçà de la route le rassura. Il atteignait les faubourgs. Sur ce monde de pionniers, les habitudes de pionnier prévalaient et les colons se gardaient de bâtir leurs demeures trop près les unes des autres. Ils se dispersaient sur l'étendue du territoire, tout autour du grand centre administratif. Les murs à hauteur d'homme qui entouraient les maisons ne surprenaient pas Martell : les Vénusiens formaient un peuple farouche, qui eût été prêt à ériger une muraille autour de leur monde si cela avait été possible. Mais, bientôt, il aurait atteint la ville, et alors...

Il s'arrêta brusquement en apercevant la Roue qui venait vers lui.

Tout d'abord, il pensa qu'elle s'était détachée de quelque véhicule. Puis il comprit ce qu'elle était réellement : un spécimen de la vie animale et sauvage de Vénus et non un fragment mécanique échappé de quelque machine.

Elle avait fait son apparition sur une éminence, à quelques centaines de mètres, au bout de la route, et elle fonçait dans sa direction à une vitesse d'environ 130 km à l'heure.

Martell en eut une vision aussi nette que brève : deux roues faites de quelque substance particulièrement dure, orange et jaune, que reliait une structure interne pareille à une boîte. Les roues avaient bien trois mètres de diamètre. La boîte, quant à elle, était plus petite et les roues la dépassaient largement. Leurs bords étaient tranchants comme des rasoirs. La créature se déplaçait en transférant sans cesse son poids sur ce moyeu, développant ainsi une extraordinaire énergie.

Martell fit un bond en arrière. La Roue le dépassa à toute allure, ne manquant ses pieds que de quelques centimètres. Il eut un aperçu des disques tranchants tandis qu'une odeur âcre parvenait à ses narines. Eût-il été un peu plus lent, la Roue le coupait en deux.

Elle roula encore sur une centaine de mètres. Puis, tel un gyroscope déséquilibré, elle commença de tourner selon un cercle étroit et se rapprocha de Martell.

Elle me poursuit! se dit-il.

Il connaissait de nombreuses parades vorsters, mais aucune n'avait été prévue pour une telle créature. Tout ce qu'il pouvait faire, c'était feinter en espérant que la Roue ne parviendrait pas à corriger trop vite sa trajectoire.

Elle se rapprocha. Il respira profondément et bondit une fois encore sur le côté.

Cette fois, la Roue le frôla d'encore plus près. La lame gauche découpa la robe bleue de Martell et un lambeau d'étoffe resta sur le sol.

Haletant, il épia la Roue qui tournait autour de lui, préparant une nouvelle attaque. Elle pouvait donc modifier sa trajectoire. Encore quelques passes comme celle-ci et elle réussirait à le découper en tranches.

Pour la troisième fois, elle attaqua.

Il attendit l'ultime moment.

Quand les lames de la créature ne furent plus qu'à deux ou trois mètres, il bondit.

Dans cette atmosphère légère, ses muscles de Terrien le projetèrent à plus de six mètres. Il s'était attendu à être tranché en deux en plein bond mais, lorsque ses pieds touchèrent le sol, il se rendit compte qu'il était sain et sauf.

Se retournant alors, il comprit qu'il avait surpris la créature. Elle avait viré brusquement pour l'atteindre et elle était ainsi passée sur sa valise qui avait été tranchée net, comme par un rayon laser. Toutes les affaires de Martell étaient répandues sur la route, à présent.

La Roue, stoppant net une fois de plus, revint alors dans sa direction.

Que faire maintenant? Grimper dans un arbre? Le plus proche était dépourvu de branches jusqu'à cinq mètres du sol au moins. Jamais il ne pourrait se mettre hors d'atteinte à temps. Tout ce qu'il lui restait à faire était de sauter d'un côté à l'autre de la chaussée pour tenter d'éviter la créature. Il savait qu'il ne pourrait le faire très longtemps. Il se fatiguerait vite. Mais la Roue, elle, jamais. Tôt ou tard, les tranchoirs allaient répandre ses entrailles sur le sol de Vénus.

La Roue revenait.

Il feinta une fois encore et l'entendit passer en sifflant. Devenait-elle furieuse? Non, ce n'était rien de plus qu'une brute sans âme en quête d'un repas et qui chassait avec les armes perverses dont la nature l'avait pourvue. Martell lutta pour reprendre son souffle. La prochaine fois...

Et soudain, il ne fut plus seul. Un garçon venait de faire son apparition. Il avait surgi d'un des bâtiments, sur le haut de la colline. Il courut aux côtés de la Roue pendant quelques foulées. Et puis, sans que Martell ait pu voir comment cela s'était produit, la Roue perdit l'équilibre et se mit à osciller. Elle tomba sur un disque tandis que l'autre continuait de tourner en l'air. Elle demeura immobile en travers de la route, pareille à quelque gigantesque fromage. Le garçon, qui ne devait pas avoir plus de dix ans, s'était immobilisé près d'elle, visiblement satisfait.

Il était de basse caste, c'était évident. Jamais un membre de la haute caste ne se serait préoccupé de sauver la vie d'un étranger. Martell pensa alors que l'enfant n'avait peut-être pas voulu le sauver mais seulement faire un peu de sport avec la créature.

— Je te remercie, mon ami, dit-il. Encore un instant, et j'étais découpé en rubans.

Le garçon ne répondit pas.

Martell s'approcha de la Roue effondrée, pour l'examiner.

Elle luttait pour redresser sa face supérieure, objectif apparemment impossible à atteindre.

Il aperçut alors un orifice d'un violet sombre qui s'ouvrait près du moyeu.

— Attention! cria le garçon, mais il était déjà trop tard.

Deux prolongements pareils à des fouets jaillirent de l'orifice. Le premier s'enroula autour de la cuisse de Martell, l'autre autour de la taille du garçon. Martell ressentit un élancement douloureux, comme si le tentacule de la Roue possédait des ventouses emplies d'acide. Une bouche s'ouvrit à la surface de la créature. Martell y distingua des pointes semblables à des dents; elles commençaient à broyer et à mastiquer.

Mais c'était là une situation qu'il pouvait dominer. Il lui était impossible de détourner la trajectoire de la Roue, car il affrontait là une énergie mécanique brute, mais le cerveau de la créature produisait sans doute une certaine charge électrique et les Vorsters étaient en mesure d'altérer les échanges électriques d'un cerveau. C'était un talent esper mineur, accessible à tous ceux qui étaient capables de maîtriser les disciplines requises.

Ignorant sa douleur, Martell saisit le filament dans sa main droite et accomplit l'acte de neutralisation. L'instant d'après, le tentacule devenait flasque et Martell était libéré de son étreinte. Le garçon également. Les filaments ne regagnèrent pas l'orifice de la créature mais demeurèrent sur le sol. Les dents broyeuses interrompirent leur mouvement. Le disque de corne de la roue supérieure cessa de tourner.

La chose était morte. Martell regarda alors le garçon.

– C'est très bien, dit-il. Je t'ai sauvé et tu m'as sauvé. Nous sommes quittes, maintenant.

– Vous avez encore une dette envers moi, répliqua le garçon avec une étrange solennité. Si je ne vous avais pas sauvé d'abord, vous n'auriez pu me sauver à votre tour. Et, de toute façon, il aurait été inutile de me sauver puisque je ne serais pas venu ici et que, par conséquent...

Martell écarquilla les yeux :

– Qui t'as appris à raisonner de la sorte ? demanda-t-il amusé. Tu parles comme un professeur de théologie.

– Je suis un élève de Frère Christopher.

– Et il est ?...

– Vous le verrez bien. Il veut vous rencontrer. Il m'a envoyé à votre rencontre.

– Et où le trouverai-je ?

– Suivez-moi.

Martell suivit le garçon en direction d'un des bâtiments. Ils abandonnèrent la Roue morte sur la route. Martell se demanda ce qui pourrait bien se passer si un véhicule transportant des membres de la haute caste survenait. Ses passagers seraient contraints de descendre pour écarter le cadavre de leurs mains aristocratiques.

Ils franchirent un portail de cuivre bruni qui s'était ouvert à leur approche. Martell vit que le bâtiment était construit entièrement en bois, avec un toit pointu. En apercevant l'écriteau, au-dessus de la porte, il fut tellement surpris qu'il en lâcha sa mallette rafistolée. Pour la seconde fois de la journée, ses effets se répandirent sur le sol.

L'écriteau proclamait :

TEMPLE DE L'HARMONIE TRANSCENDANTE
CHACUN EST LE BIENVENU

Martell sentit ses genoux mollir. Les Harmonistes ? *Ici* ?

Les Harmonistes avaient accompli quelques progrès sur Terre pendant une certaine période. Ils avaient même menacé le Mouvement vorster dont ils étaient issus mais, depuis plus de vingt ans à présent, ils ne formaient plus qu'un petit groupe de dissidents sans grande importance. Il était inconcevable que ces hérétiques aient un temple établi ici, sur la planète Vénus, qu'ils aient réussi là où les Vorsters avaient échoué.

C'était impossible.

Une silhouette apparut sur le seuil. Celle d'un homme vigoureux d'âge moyen – soixante ans environ – dont les cheveux commençaient à grisonner et dont les traits s'épaississaient. Tout comme Martell, il avait été chirurgicalement adapté aux conditions vénusiennes. Il semblait calme et plein d'assurance. Ses mains étaient croisées sur sa panse confortable.

– Je suis Christopher Mondschein, dit-il. J'ai appris votre arrivée, Frère Martell. Voulez-vous entrer ?

Martell hésita.

Mondschein sourit :

– Venez. Venez, mon Frère. Il n'y a aucun risque à

partager le repas d'un Harmoniste. Vous seriez de la chair à pâté, maintenant, s'il n'y avait pas eu le gamin. Je l'ai envoyé vous sauver. Vous me devez donc la grâce d'une visite. Entrez. Entrez. Je ne fouillerai pas dans votre âme, mon Frère. Je vous le promets.

★

Le temple harmoniste était d'apparence modeste, mais il était bel et bien installé.

Il y avait un autel décoré des statuettes et des symboles de l'hérésie, ainsi qu'une bibliothèque en plus des pièces d'habitation. Martell aperçut plusieurs Vénusiens qui travaillaient au fond du bâtiment. Ils creusaient ce qui semblait être l'amorce de fondations nouvelles.

Martell suivit son aîné dans la bibliothèque. Une rangée de livres familiers attira immédiatement son regard : les œuvres de Noël Vorst, magnifiquement reliées, dans la riche édition du Fondateur.

— Vous êtes surpris ? demanda Mondschein. N'oubliez pas que nous reconnaissons nous aussi la suprématie de Vorst, même s'il nous rejette. Asseyez-vous. Du vin ? Nous faisons ici un excellent blanc sec.

— Et vous, que faites-vous ? demanda Martell.

— Moi ? C'est une histoire terriblement longue et pas toujours très flatteuse pour moi. En fait, je n'ai été qu'un jeune idiot qui s'est laissé manœuvrer et que l'on a expédié ici. C'était il y a quarante ans et je ne ressens plus de rancune à présent. Ce fut la meilleure chose qui pouvait m'arriver. Je l'ai compris depuis et je pense que c'est une preuve de maturité...

Ce bavardage irritait Martell.

— Ce n'est pas votre histoire que je veux entendre,

Frère Mondschein, coupa-t-il. Je veux savoir depuis combien de temps votre ordre est ici.

— Près de cinquante années.

— Sans interruption ?

— Oui. Nous avons huit temples et environ quatre mille fidèles, tous de basse caste. Ceux de haute caste ne daignent même pas s'apercevoir de notre existence.

— Mais ils ne vous chassent pas non plus, remarqua Martell.

— C'est vrai. Peut-être sommes-nous au delà de leur mépris.

— Mais ils ont tué tous les missionnaires vorsters qui sont venus. Ils nous persécutent alors qu'ils vous tolèrent. Pourquoi ?

— Peut-être distinguent-ils en nous une puissance qu'ils ne trouvent pas dans l'organisation sœur, suggéra l'hérétique. Ils admirent la puissance, c'est certain. Vous devez le savoir, sinon vous n'auriez jamais essayé de quitter la station. Vous avez prouvé votre puissance dans l'adversité. Mais, bien sûr, votre démonstration eût été vaine si la Roue vous avait taillé en pièces.

— Elle a bien failli y parvenir.

— Elle aurait réussi à vous hacher, dit Mondschein, c'est vrai. Si je n'avais appris votre arrivée, votre mission se fût ainsi achevée prématurément. Aimez-vous ce vin ?

Martell y avait à peine trempé les lèvres.

— Il n'est pas déplaisant... Dites-moi, Mondschein : se sont-ils vraiment laissés convertir ?

— Quelques-uns... quelques-uns...

— C'est difficile à croire. Que savez-vous donc que nous ignorons encore ?

— Il ne s'agit pas de ce que nous savons, mais plutôt de ce que nous avons à offrir. Venez avec moi jusqu'à la chapelle.

– Je préférerais ne pas y entrer.
– Je vous en prie. Cela ne peut vous faire aucun mal.

Martell se laissa conduire avec répugnance jusque dans le saint des saints.

Il regarda avec dégoût les icônes, les images, tout le fatras harmoniste. Sur l'autel, à l'endroit même où, dans une chapelle vorster, se serait trouvé le petit réacteur émettant la radiation bleue de Cerenkov, un symbole de système atomique avait été érigé. Des imitations d'électrons tournaient sans cesse sur leurs orbites. Martell ne se considérait pas comme un bigot, mais il restait loyal à sa foi et le spectacle de ce bazar puéril le mettait mal à l'aise.

– On ne doit pas sous-estimer les œuvres de Noël Vorst, l'homme le plus brillant de notre temps, dit Mondschein. Il a compris que la culture terrestre se dégradait, que les gens se réfugiaient dans la drogue, dans les Chambres du Néant et autres déplorables exutoires. Il a compris également que les anciennes religions relâchaient leur emprise et que le temps était venu pour une croyance nouvelle, électrique, synthétique, qui rejetterait le mysticisme des anciennes religions en le remplaçant par un autre type de mysticisme, scientifique, celui-là. Le Feu Bleu! Quel merveilleux symbole pour capter l'imagination et fasciner le regard! Aussi bon que la Croix ou le Croissant, et meilleur, peut-être, parce que plus moderne, plus... scientifique. Il séduit et hypnotise. Vorst a réussi à établir son culte avec l'administration destinée à le promouvoir. Mais il n'a pas poussé son idée suffisamment loin.

– C'est une faute bénigne, non? Si l'on considère que nous contrôlons la Terre comme jamais aucun mouvement religieux ne le fit...

Mondschein sourit :

– La réussite sur la Terre est très impressionnante, je vous le concède. La Terre était prête pour les doctrines de Vorst. Mais, cependant, pourquoi a-t-il donc échoué sur les autres planètes? Parce que ses idées étaient trop avancées. Il n'offrait aux colons aucun élément auquel ils puissent se donner corps et âme.

– Il offre l'immortalité physique à chaque être, dans sa présente existence, rétorqua Martell d'une voix tendue. Cela n'est-il pas suffisant?

– Non. Il ne propose aucun mythe. Rien qu'un marché, sèchement : entrez dans ma chapelle, payez votre dîme et peut-être pourrez-vous vivre éternellement. C'est une religion séculière, malgré toutes les litanies et les rites qui l'entourent. Elle manque de poésie. Il n'y a pas d'enfant-Jésus dans l'étable, aucun Abraham pour sacrifier Isaac, pas la moindre étincelle humaine, rien...

– Pas le moindre conte de fées, dit Martell d'un ton dur. Je suis d'accord. C'est là tout notre enseignement. Nous sommes arrivés en un monde qui ne pouvait plus croire aux vieilles histoires et, plutôt que d'en créer de nouvelles, nous avons offert la simplicité, la puissance, l'énergie des réalisations scientifiques...

– Et vous vous êtes emparés du contrôle politique de la presque totalité de la planète tout en construisant de superbes laboratoires où l'on s'occupait de recherches sur la longévité et les talents psi. Très bien, très bien... Admirable même. Mais ici, vous avez échoué. Et nous réussissons. Car nous avons une histoire à raconter. Celle de Noël Vorst, le Premier Immortel, sa rédemption par le feu de l'atome et sa fuite du péché. Nous offrons à ceux qui viennent à nous une chance de rédemption par Vorst et par l'ultime prophète de l'Harmonie Transcendante, David Lazarus. Ce que nous possédons fascine l'imagination des gens de basse caste et, d'ici une génération, nous nous attacherons aussi ceux des hautes castes. Ce sont des pionniers, Frère Martell. Ils ont coupé les liens avec la Terre pour tout recommencer, seuls, avec une société qui n'a que quelques générations d'âge. Il leur faut des mythes. Ils façonnent les leurs. Ne pensez-vous pas qu'avant un siècle les premiers colons de Vénus seront considérés comme des êtres surnaturels, Martell? *Ne pensez-vous pas qu'il y aura alors des saints harmonistes?*

Martell était totalement stupéfait.

– Est-ce là votre travail?

– En partie.

– Tout ce que vous faites est de retourner au christianisme du cinquième siècle.

– Pas exactement. Nous poursuivons également une œuvre scientifique.

– Et vous croyez en vos propres enseignements?

Mondschein eut un sourire bizarre:

– Quand j'étais jeune, j'étais acolyte vorster à la chapelle de Nyack. J'étais entré dans la Fraternité simplement parce que cela représentait un emploi. J'avais besoin d'un support dans l'existence et j'avais caressé l'espoir d'être envoyé à Santa Fe pour devenir un cobaye des expériences sur l'immortalité. Je me suis donc enrôlé. Pour le moins valable des motifs. Savez-vous, Frère Martell, que je ne ressentais pas alors l'ombre d'un sentiment religieux? Les Vorsters eux-mêmes, séculiers comme ils l'étaient, ne m'attiraient pas. Par un jeu confus d'accidents que je ne comprends pas encore clairement et que je ne tenterai pas de vous expliquer, je quittai la Fraternité et rejoignis l'Hérésie harmoniste. J'aboutis ici comme missionnaire. Le meilleur missionnaire de Vénus, en vérité. Croyez-vous que les mythologies harmonistes pourraient m'atteindre alors que j'étais trop rationnel pour accepter les dogmes des Vorsters?

— Vous êtes tout à fait cynique, donc, en proposant ces saints et ces images absurdes. Vous ne le faites que pour conserver votre pouvoir. Vous n'êtes qu'un marchand de prières, un faux prêcheur perdu dans les forêts de Vénus.

— Doucement! fit Mondschein. J'obtiens des résultats. Et, ainsi que pourrait vous le dire Noël Vorst lui-même, nous visons la fin et non les moyens. Voudriez-vous vous asseoir ici pour prier un peu?

— Bien sûr que non.

— Puis-je prier pour vous, en ce cas?

— Vous venez de me dire que vous ne croyez pas en vos propres enseignements.

Avec un sourire, Mondschein répondit :

— Même les prières d'un incroyant peuvent être entendues, qui sait? Une seule chose est certaine : vous mourrez ici, Martell. Je vais donc prier pour vous afin que vous connaissiez la flamme purificatrice des plus hautes fréquences.

— Taisez-vous! Pourquoi êtes-vous si sûr que je mourrai ici? Il est idiot de croire que je vais être martyrisé parce que tous les précédents missionnaires vorsters l'ont été.

— Notre propre position est assez difficile, déjà. La vôtre va être impossible. Vénus ne veut pas de vous. Puis-je vous indiquer le seul moyen de vivre plus d'un mois?

— Dites toujours.

— Soyez des nôtres.

— C'est absurde. Pensez-vous vraiment que j'en serais capable?

— Ce n'est pas impossible. De nombreux hommes ont quitté votre ordre pour le nôtre. Moi y compris.

— Je préfère le martyre.
— En quoi cela pourrait-il profiter à quelqu'un ? Soyez raisonnable, mon Frère. Vénus est un endroit fascinant. N'aimeriez-vous pas mieux le connaître ? Joignez-vous à nous. Vous apprendrez très vite les rites. Vous verrez que nous ne sommes pas des ogres.
— Merci, dit Martell. Voulez-vous m'excuser, à présent ?
— J'espérais que vous resteriez à dîner.
— Ce n'est pas possible. Je suis attendu à l'Ambassade martienne. A moins que je ne rencontre d'autres spécimens de la faune locale en route.

Mondschein ne semblait pas particulièrement vexé du refus de Martell. Son invitation n'était certainement pas très sincère, songea ce dernier.
— Permettez-moi au moins, proposa Mondschein, de vous offrir un moyen de transport jusqu'à la ville. Je suis certain que l'orgueil de votre sainteté vous autorise à accepter.

Martell sourit :
— Avec joie. J'aurai ainsi une bonne histoire à raconter au Superviseur Kirby : comment les Hérétiques m'ont sauvé la vie et conduit jusqu'à la ville.
— Non sans avoir tenté de vous séduire.
— Bien entendu. Puis-je partir ?
— Juste quelques instants pour préparer le véhicule. Voulez-vous attendre dehors ?

Martell acquiesça et quitta avec soulagement la chapelle hérétique. Il traversa la cour, espace nu de quelque quinze mètres carrés, bordé de buissons verdâtres dont les fleurs noires et charnues avaient un inquiétant aspect carnivore.

Quatre garçons vénusiens, dont le sauveteur de Martell, étaient occupés à creuser une excavation. Ils utilisaient des outils, pelles et pioches, qui donnèrent à Martell l'impression d'avoir été projetés droit depuis le XIXe siècle. Ici, la quincaillerie des gadgets de la Terre était inconnue.

Les garçons le regardèrent avec froideur et reprirent leur travail. Martell continua de les observer.

Ils étaient maigres et sveltes. Il pensa qu'ils pouvaient avoir entre neuf et quatorze ans. Mais il était difficile d'en être certain. Ils se ressemblaient assez pour être tous frères. Leurs gestes étaient gracieux, élégants, et leur peau bleuâtre luisait de transpiration. Martell eut l'impression que leur structure osseuse était encore plus particulière qu'il ne l'avait soupçonné jusqu'alors.

Tout en travaillant, ils faisaient jouer leurs articulations selon des angles imprévus.

Brusquement, ils jetèrent leurs pics et leurs pelles et joignirent les mains. Leurs yeux brillants se fermèrent un instant. Martell vit alors la terre meuble s'élever hors du trou et se tasser d'elle-même pour se reposer à cinq mètres de distance.

Télékinésistes! songea-t-il, émerveillé. *Regardez-moi un peu ça!*

A cet instant précis, Mondschein réapparut.

— Tout est prêt, mon Frère, dit-il aimablement.

★

En entrant dans la ville, Martell ne pouvait détacher son esprit des quatre garçons. Ils avaient soulevé un quintal de terre en utilisant leurs pouvoirs d'espers.

Des télékinésistes. Des Pousseurs! Il en tremblait d'excitation. Les espers, sur la Terre, formaient à présent une tribu nombreuse, mais leurs pouvoirs étaient surtout télépathiques. Les cas de télékinésie étaient d'un nombre insignifiant.

Ils étaient également incapables de contrôler le

développement de leurs dons. Un programme génétique esper, qui atteignait à présent sa quatrième ou cinquième génération, avait cependant permis d'augmenter les pouvoirs. Un esper doué pouvait sonder l'esprit d'un homme, en modifier le contenu ou en arracher les secrets les mieux scellés. Il existait aussi quelques précognitifs qui se déplaçaient sur la ligne du temps comme si tous les points qui la formaient n'en constituaient qu'un seul. Mais, en atteignant l'adolescence, ils brûlaient et leurs gènes étaient perdus.

Les pousseurs, les télékinésistes qui étaient capables de déplacer les objets à distance étaient aussi rares que le phénix, sur la Terre.

Sur Vénus, il y en avait quatre dans la cour d'une chapelle harmoniste.

De nouvelles préoccupations habitaient maintenant Martell. Durant cette première journée, il avait fait deux découvertes inattendues : la présence des Harmonistes sur Vénus et celle de Pousseurs parmi eux. Sa mission acquérait soudain une terrible importance. Il ne s'agissait plus simplement de s'établir sur un monde inamical mais de lutter contre cette hérésie que l'on avait crue en déclin.

Le véhicule de Mondschein déposa Martell près de l'Ambassade martienne, un petit bâtiment trapu qui faisait face à une immense place qui semblait contenir la cité tout entière. Les Martiens respiraient une atmosphère de type terrestre et n'acceptaient pas de s'adapter aux conditions de Vénus. Dès qu'il fut entré dans l'Ambassade, Martell dut accepter un masque respiratoire destiné à l'isoler de l'atmosphère de son monde natal.

L'ambassadeur était le citoyen Nat Weiner. Il avait au moins deux fois l'âge de Martell. Sans doute avait-il dépassé quatre-vingt-dix ans. Il était fort, avec des épaules si larges qu'elles semblaient disproportionnées par rapport à ses hanches et à ses jambes.

— Ainsi vous voilà, dit Weiner. Je croyais que vous étiez plus raisonnable.

— Nous sommes des gens décidés, citoyen Weiner.

— Je sais. Je vous ai étudiés pendant très longtemps. (Le regard de Weiner prit une expression lointaine.) Pendant plus de soixante années, en fait. J'ai connu votre Superviseur avant sa conversion. Vous l'a-t-il jamais dit?

— Il ne m'en a pas parlé, répondit Martell.

Il en avait la chair de poule : Kirby s'était joint à la Fraternité vingt ans avant sa propre naissance.

Vivre un siècle n'avait rien d'extraordinaire à l'époque. Vorst lui-même devait bien avoir cent trente ou cent quarante ans. Mais il n'en était pas moins impressionnant de songer à toutes ces années.

Weiner eut un sourire :

— J'étais venu sur la Terre pour négocier un traité commercial et Kirby était mon chaperon. Il appartenait aux Nations unies, alors. Je lui ai donné beaucoup de mal. Je buvais, en ce temps-là. Je crois qu'il n'oubliera jamais une certaine nuit. (Son regard revint à Martell.) Je désire que vous sachiez, mon Frère, que je ne peux vous fournir de protection au cas où vous seriez attaqué. Ma responsabilité ne s'étend qu'aux citoyens martiens.

— Je comprends.

— Je vous renouvellerai mon conseil : retournez sur la Terre et vivez-y longtemps.

— Je ne le peux, citoyen Weiner. J'ai une mission à accomplir.

— Ah! Quel merveilleux dévouement! Et où comptez-vous construire votre chapelle?

— Sur la route qui mène à la ville. Peut-être plus près que celle des Harmonistes.

— Et où logerez-vous jusqu'à ce qu'elle soit achevée ?

— Je dormirai dehors.

— Il existe un oiseau, sur Vénus. On l'appelle pie-grièche. Il est plus gros que la pie-grièche terrienne, à peu près du format d'un chien, et ses ailes ressemblent à du cuir ancien. Son bec est comme une lance. J'en ai vu un plonger de deux cents mètres de haut sur un homme qui dormait à la belle étoile et le clouer sur le sol.

Imperturbable, Martell déclara :

— J'ai survécu aujourd'hui à une rencontre avec une Roue. Peut-être puis-je triompher aussi d'une pie-grièche. Je n'ai pas l'intention de me laisser intimider.

Weiner hocha la tête.

— Je vous souhaite bonne chance, dit-il.

★

Ce vœu était à peu près tout ce que Martell pouvait espérer de l'ambassadeur, mais il lui en fut reconnaissant. Les Martiens n'appréciaient guère la Terre et tout ce qu'elle produisait, y compris ses religions. Ils ne haïssaient pas vraiment les Terriens, à l'encontre des Vénusiens de toutes castes. Les Martiens avaient encore une apparence terrestre et, en tant que créatures non modifiées, ils gardaient quelques liens ténus avec la planète mère. Mais c'étaient des pionniers, durs, arrogants, qui n'avaient de considération que pour eux-mêmes. Ils servaient d'intercesseurs entre la Terre et Vénus pour de simples raisons de profit. Ils ne toléraient les missionnaires que parce qu'ils ne représentaient aucun danger. A leur façon, ils étaient tolérants. Mais ils maintenaient leurs distances.

Martell quitta l'Ambassade et se mit au travail.

Il disposait d'argent et d'énergie. Il ne pouvait employer de main-d'œuvre vénusienne car le fait de travailler pour un Terrien était un acte dégradant, même pour un « basse caste ». Toutefois, il lui était possible d'agir par l'intermédiaire de Weiner. Moyennant une commission, bien entendu.

Des travailleurs furent enrôlés et une modeste chapelle fut construite. Martell mit en place son mini-réacteur. Seul devant l'autel, il regarda, silencieux, le Feu Bleu qui naissait en scintillant.

Martell n'avait en rien perdu la faculté de s'émerveiller. C'était un homme logique qui n'avait rien de mystique. Pourtant, le spectacle de la radiation issue du réacteur eut sur lui un effet magique. Il se laissa tomber à genoux et toucha son front en un geste de soumission. Il ne pouvait porter ses sentiments religieux jusqu'à l'idolâtrie, ainsi que le faisaient les Harmonistes, mais il avait conscience de la puissance du mouvement auquel il avait voué toute son existence.

Le premier jour, il accomplit simplement les rites de consécration. Le second, le troisième et le quatrième jour, il attendit avec l'espoir de voir apparaître quelque membre de la basse caste assez curieux pour entrer dans la chapelle. Il ne vint personne.

Il n'avait pas l'intention de partir à la recherche des fidèles. Pas encore. Il préférait qu'ils viennent à lui d'eux-mêmes. La chapelle demeura vide.

Le cinquième jour, il eut un visiteur. Mais ce n'était qu'une créature à l'allure de grenouille, longue de vingt centimètres et armée de cornes redoutables sur le front et de fines et mortelles épines sur les épaules. N'existait-il donc sur cette planète aucune forme de vie qui fût dépourvue d'arme ou de cuirasse? songea Martell. Il chassa la grenouille du bout du pied. Elle gronda et darda ses cornes sur son pied. Il recula in extremis et s'abrita derrière une chaise. La grenouille frappa le bois, y enfonçant plusieurs centimètres de sa corne gauche. Puis elle la retira et un liquide iridescent s'écoula sur le pied de la chaise, y laissant une trace profonde. Martell n'avait encore jamais été attaqué par une grenouille. A la seconde tentative, il parvint à éjecter l'animal à l'extérieur sans être blessé. Charmante planète, se dit-il.

Le lendemain arriva un autre visiteur, plus sociable : le garçon appelé Elwhit. Martell le reconnut comme étant un de ceux qui avaient téléporté la terre derrière la chapelle harmoniste.

Il surgit de nulle part et déclara :
– Vous avez de la Mousse Mangeuse, par ici.
– Est-ce très dangereux?
– Ça tue les gens. Ça les dévore. Ne vous en approchez pas. Est-ce que vous êtes réellement un religieux?
– J'aime à le croire.
– Frère Christopher dit que l'on ne doit pas vous faire confiance, que vous êtes un hérétique. Qu'est-ce qu'un hérétique?
– Un hérétique est un homme qui est en désaccord avec la religion d'un autre homme. En vérité, je crois que Frère Christopher est un hérétique. Veux-tu entrer?

Le garçon écarquillait les yeux. Il ne tenait pas en place, brûlant de curiosité. Martell, quant à lui, grillait de le questionner sur ses pouvoirs télékinétiques, mais il savait qu'il était plus important en cet instant d'en faire un converti. Des questions ne pourraient que l'effrayer. Patiemment, il lui expliqua ce que les Vorsters avaient à offrir.

Il lui fut difficile de juger de la réaction du garçon. De tels concepts abstraits avaient-ils une signification pour un enfant de dix ans ? Martell lui donna le livre de Vorst dans une édition simplifiée. Le garçon lui promit de revenir.

– Attention à la Mousse Mangeuse, dit-il en partant.

Quelques jours passèrent. Puis le garçon revint pour lui annoncer que Mondschein lui avait confisqué le livre.

En un sens, cela ne déplut pas à Martell. C'était un signe de crainte de la part des Harmonistes. Qu'ils finissent par interdir les écrits vorsters et il gagnerait les quatre mille convertis de Mondschein.

Deux jours après la seconde visite d'Elwhit, Martell reçut quelqu'un de bien différent. Un homme au visage épais, en robe d'Harmoniste. Sans s'être présenté, le personnage l'apostropha :

– Vous essayez de nous voler ce garçon, Martell. Ne faites pas cela.

– Il est venu de son plein gré.

– Ce gosse est curieux. Mais c'est lui qui souffrira s'il continue de venir ici. Renvoyez-le, la prochaine fois, Martell. Pour son bien.

– C'est pour son bien que j'essaie de l'éloigner de vous, répliqua tranquillement le Vorster.

– Vous allez le détruire. Renvoyez-le.

Martell n'entendait pas s'incliner. Elwhit représentait une première étape pour Vénus et le repousser eût été de la folie.

Plus tard ce même jour, un autre visiteur fit son apparition, guère plus amical que la grenouille à cornes.

C'était un puissant Vénusien de la haute caste. Des poignards luisaient de part et d'autre de son torse. Il n'était certainement pas venu pour le culte. Il désigna le réacteur et dit :

– Bouclez ça et débarrassez-vous des matières fissiles dans les dix heures qui viennent.

Martell fronça les sourcils.

– Cela est nécessaire au culte.

– Ce sont des matières radioactives. Vous n'avez pas le droit d'avoir un réacteur à titre privé.

– Les douanes n'ont pas fait d'objection, dit Martell. J'ai déclaré le cobalt 60 et expliqué son utilité. On m'a accordé le droit d'entrée.

– Les douanes sont les douanes. Vous êtes en ville, maintenant. Et moi je dis : pas de matières fissiles. Il vous faut un permis.

– Où pourrais-je en obtenir un ?

– A la police. Et je suis la police. Demande refusée. Eteignez cette chose.

– Et si je ne le fais pas ?

Pendant un instant, Martell pensa que le soi-disant policier allait le poignarder sur place. L'homme recula comme s'il venait d'être frappé en pleine face. Après un silence menaçant, il demanda :

– Est-ce un défi ?

– C'est une question.

– Je vous réponds, avec l'autorité dont je dispose, de vous débarrasser de ce réacteur nucléaire. Si vous défiez mon autorité, c'est que vous désirez le combat, non ? Vous n'avez pas l'allure d'un combattant. Soyez raisonnable et faites ce que je vous dis.

Il sortit.

Martell hocha tristement la tête. La force de loi était-elle une question d'orgueil personnel ? Il ne pouvait que le supposer. Et l'on voulait qu'il élimine son réacteur. Sans réacteur, la chapelle ne serait plus une chapelle. Pouvait-il se plaindre ? Et à qui ?

S'il défiait son adversaire et triomphait, cela lui donnerait-il le droit d'utiliser à nouveau le réacteur? Impossible de le savoir.

Il décida de ne pas céder sans résistance. Il se mit en quête des autorités, ou, du moins, de ce qui était censé les représenter. Après quelques heures d'attente, il fut admis dans le bureau d'un fonctionnaire subalterne qui lui ordonna clairement, froidement, de démanteler immédiatement son réacteur sans écouter ses protestations.

Weiner ne lui fut pas plus utile.

– Coupez donc ce réacteur, lui conseilla-t-il.

– Je ne peux rien faire sans lui. D'où sortent-ils cette loi sur les réacteurs privés?

– Ils l'ont probablement créée pour vous, suggéra aimablement Weiner. Vous ne pouvez rien y faire, mon Frère. Il faut l'arrêter.

Martell regagna la chapelle. Il y trouva Elwhit qui l'attendait sur les marches. Le garçon avait l'air inquiet.

– Ne fermez pas, dit-il.

– Je ne vais pas fermer. (Martell lui fit signe d'entrer.) Aide-moi, Elwhit. Apprends-moi. Je dois savoir.

– Quoi?

– Comment tu déplaces les choses avec ton esprit.

– Je rentre dedans. Je touche ce qui se trouve à l'intérieur. C'est comme une force. C'est difficile à dire...

– As-tu appris à le faire?

– C'est comme de marcher. Qu'est-ce qui fait bouger vos jambes? Qu'est-ce qui vous fait rester debout?

Martell bouillait d'impatience.

– Me promets-tu de m'expliquer ce que l'on éprouve?

- De la chaleur. Sur le haut de la tête. Je ne sais pas... Je ne sais pas grand-chose. Parlez-moi de l'électron, Frère Nicholas. Chantez-moi la chanson des photons.

- Dans un moment, dit Martell. (Il s'accroupit pour être à la hauteur du garçon.) Est-ce que ton père et ta mère peuvent bouger les choses, eux aussi?

- Un peu. J'y arrive mieux.

- Quand as-tu découvert que tu le pouvais?

- Quand je l'ai fait la première fois.

- Et tu ne sais pas comment tu...

Martell s'interrompit. A quoi bon? Un enfant de dix ans pouvait-il trouver les mots pour décrire une fonction télékinétique? Il faisait cela aussi naturellement qu'il respirait. Ce qu'il convenait de faire, c'était de l'envoyer sur la Terre, à Santa Fe, et laisser le Centre Noël Vorst l'examiner. Mais c'était évidemment impossible. Jamais le garçon n'accepterait d'aller sur la Terre et il ne serait pas très prudent d'essayer de le persuader.

- Chantez-moi la chanson, demanda-t-il à nouveau.

- *Par la puissance du spectre, du quantum et du saint angström*...

La porte de la chapelle fut brutalement ouverte et trois Vénusiens firent leur entrée. Le chef de la police et deux adjoints. Le garçon pivota aussitôt et s'éloigna vers la cour.

- Attrapez-le! gronda le chef de la police.

Martell protesta. C'était inutile. Les deux adjoints convergeaient sur le garçon. Brusquement, le plus gros fut projeté en l'air et se mit à agiter les jambes, impuissant, filant droit sur le dangereux buisson de Mousse Mangeuse.

Il atterrit avec violence. Un grondement étouffé se fit entendre. Martell avait appris en l'observant que la Mousse Mangeuse se déplaçait rapidement. Elle dévorait tout ce qui était organique. Ses filaments, à une vitesse stupéfiante, se mirent immédiatement au travail. L'adjoint fut enveloppé dans un réseau de vrilles dont les enzymes visqueuses firent aussitôt effet. Il se débattit, ce qui ne fit qu'accélérer le processus. Il ruait et tirait désespérément sur les vrilles, mais les filaments se multipliaient à toute allure et il fut bientôt rivé au sol. Les enzymes digestives entrèrent alors en action. Un parfum douceâtre, écœurant, monta du buisson de Mousse Mangeuse.

Martell n'eut pas le temps d'observer le processus de dissolution. L'homme, pris dans le fatal réseau de fongus, était à l'agonie. Le second adjoint, le visage presque noir de terreur et de rage, leva son couteau sur le garçon.

Elwhit le repoussa de la main. Il essaya de rassembler ses forces espers pour projeter ce second adversaire dans le buisson, mais son visage ruisselait de sueur et ses maxillaires serrés révélaient son effort. L'adjoint vacilla et se redressa, résistant à la poussée télékinétique. Martell demeurait paralysé. Le chef de la police se rua alors en avant, le couteau brandi.

— Elwhit! hurla Martell.

Même un télékinésiste ne pouvait rien contre un coup de couteau dans le dos. La lame s'enfonça profondément. Le garçon tomba en avant. A l'instant même où la pression se relâcha, l'adjoint perdit l'équilibre et s'effondra. Le chef se précipita, saisit le garçon blessé, recroquevillé, et le projeta vers le buisson de Mousse Mangeuse. Le corps atterrit à côté de la masse molle du cadavre du premier adjoint. Martell vit avec horreur les vrilles qui se mettaient à l'œuvre. Il fut pris d'un malaise. Il dut faire appel à l'ensemble des techniques de maîtrise mentale pour recouvrer ses esprits.

Le chef de la police et son adjoint avaient retrouvé leur calme. Sans un regard pour les deux corps dissous, ils s'emparèrent de Martell et le reconduisirent dans la chapelle.

– Vous avez tué un enfant, dit-il en se libérant. Vous l'avez frappé dans le dos! Où est donc votre fameux honneur?

– Je réglerai ça devant notre cour, le prêtre. Ce gosse était un meurtrier. Il était sous l'influence de dangereuses doctrines. Il savait que nous le cherchions. C'était une faute de sa part que de se trouver ici. Pourquoi n'avez-vous pas arrêté le réacteur?

Martell chercha les mots qu'il aurait pu dire. Il voulait expliquer qu'il n'avait pas l'intention de se soumettre, qu'il demeurerait ici, qu'il était décidé à lutter jusqu'au martyre en dépit de leurs ordres. Mais le meurtre brutal de son unique converti avait anéanti sa volonté.

– Je vais éteindre le réacteur, dit-il lentement.
– Allez.

Il le démantela. Pendant ce temps, ils attendirent et, lorsque la lueur s'éteignit, ils échangèrent des regards satisfaits.

– Sans le feu, ce n'est pas une vraie chapelle, n'est-ce pas? demanda l'adjoint.

– Non, dit Martell. Je crois que je vais aussi fermer la chapelle.

– Elle n'aura pas duré longtemps.
– Non.
– Regardez-le, avec ses branchies qui ballottent, dit le chef. Il a été complètement trafiqué pour nous ressembler, mais qui trompe-t-il? Nous allons lui montrer.

Ils se rapprochèrent de lui. Ils étaient grands,

vigoureux. Martell était totalement désarmé, mais il ne les craignait pas. Il pouvait se défendre. Ils s'approchèrent un peu plus encore, silhouettes de cauchemar, inhumaines, grotesques. Leurs yeux étroits étaient brillants. Leurs paupières nictitantes s'abaissaient et se relevaient frénétiquement, leurs narines frémissaient, leurs branchies tremblotaient. Martell dut faire un effort pour se rappeler qu'il était aussi monstrueux que ses adversaires. Il était un des Transformés, désormais. Leur frère.

– Souhaitons-lui un petit au revoir, proposa l'adjoint.

– Vous avez eu ce que vous vouliez, dit Martell. Je vais fermer la chapelle. Avez-vous donc vraiment besoin de vous en prendre à moi maintenant? Que craignez-vous? Nos idées seraient-elles dangereuses pour vous?

Un poing l'atteignit au creux de l'estomac. Il vacilla, luttant pour reprendre son souffle et demeurer impassible. Le tranchant d'une main allait le frapper à la gorge. Il le bloqua, dévia le coup et saisit le poignet.

Il y eut un bref échange d'ions et l'adjoint recula avec un juron.

– Attention! Il est électrique!

– Je ne vous veux aucun mal, dit doucement Martell. Laissez-moi aller en paix.

Ils portèrent la main à leurs dagues. Il attendit patiemment.

Ils reculèrent, apparemment décidés à en rester là. Après tout, ils avaient réussi à faire fermer la seule mission vorster. Ils semblaient tout à coup un peu plus calmes.

– Quittez la ville, Terrien, grommela le chef. Retournez d'où vous venez. Ne traînez plus par ici avec votre religion idiote. Nous n'en voulons pas. Allez!

★

Nulle obscurité n'était comparable à celle des nuits de Vénus, songeait Martell. C'était comme si une épaisse couche de laine recouvrait le ciel. Il n'y avait pas la plus infime étoile, le plus discret reflet de lune pour percer l'obscurité. Pourtant, parfois, des lueurs apparaissaient : de grands oiseaux de proie à la luminescence diabolique, qui transperçaient les ténèbres aux moments les plus imprévisibles.

Depuis la véranda, à l'arrière de la chapelle harmoniste, Martell vit l'un de ces oiseaux lumineux passer en vrombissant à quelques mètres de hauteur. Il était assez proche pour que Martell pût distinguer les rangées de serres acérées qui armaient le bord de ses vastes ailes incurvées vers l'arrière.

– Nos oiseaux ont aussi des dents, dit Christopher Mondschein.

– Et les grenouilles ont des cornes, remarqua Martell. Pourquoi ce monde est-il si hostile ?

Mondschein eut un rire tranquille.

– Demandez cela à Darwin, mon ami. C'est ainsi, c'est tout. Vous avez donc rencontré nos grenouilles... Dangereuses bestioles. Et vous avez fait la connaissance d'une Roue... Nous avons aussi des poissons assez amusants. Et des champignons carnivores. Pas d'insectes, cependant. Pouvez-vous imaginer cela ? Pas d'arthropodes terrestres. Bien sûr, il y en a de délicieux dans la mer. Une variété de scorpion plus grosse qu'un homme, une sorte de homard aux pinces phénoménales. Mais personne ne s'aventure jamais sur la mer, ici.

– Je comprends pourquoi, dit Martell.

Un autre rapace luminescent plongea vers le sol,

effleura les arbres et jaillit vers le ciel. Un organe charnu de la taille d'un melon était visible sur sa tête plate, oscillant à l'extrémité d'un solide pédoncule.

– Vous voulez vous joindre à nous, finalement? demanda Mondschein.

– C'est exact.

– De l'infiltration, Martell? De l'espionnage?

Les joues de Martell se colorèrent. Les chirurgiens lui avaient laissé cette réaction, bien qu'il devînt d'un gris terne, à présent, lorsqu'il était troublé.

– Pourquoi pensez-vous cela? demanda-t-il.

– Pourquoi donc voudriez-vous vous joindre à nous? Vous étiez plutôt arrogant, la semaine dernière.

– C'était la semaine dernière. Ma chapelle est fermée. J'ai vu un enfant qui me faisait confiance se faire tuer sous mes yeux. Je n'ai aucune envie d'être témoin d'autres meurtres.

– Vous admettez donc que vous êtes coupable de sa mort?

– J'admets que je lui ai fait courir des risques.

– Vous aviez été averti.

– Mais je n'avais pas la moindre idée de la cruauté des forces auxquelles j'allais me heurter. Maintenant, je sais. Je ne peux rester seul. Laissez-moi joindre à vous.

– C'est trop simple, Martell. Vous êtes arrivé ici tout bouillonnant du désir d'être un martyr. Vous avez abandonné trop vite. Il est évident que vous voulez nous espionner. Les conversions ne sont jamais aussi simples et vous n'êtes pas homme à vous décourager facilement. Je ne vous crois donc pas, mon Frère.

– Vous me sondez?

– Moi? Je n'ai pas l'ombre d'un pouvoir esper.

Pas l'ombre. Mais j'ai du bon sens. Et je m'y connais également en espionnage. Je sais que vous êtes venu pour ça.

Martell regarda un oiseau qui passait, haut dans le ciel opaque.

– Vous refusez donc de m'accepter?

– Je peux vous offrir le gîte pour la nuit. Mais vous devrez repartir au matin. Je suis désolé, Martell.

Des trésors de persuasion n'auraient pu modifier la décision de l'Harmoniste. Martell n'en était ni surpris ni déçu. Se joindre aux hérétiques n'aurait été qu'une stratégie aléatoire et il s'était plus ou moins attendu au refus de Mondschein. S'il avait attendu six mois avant de formuler sa demande, peut-être la réaction de l'Harmoniste eût-elle été différente...

Il se tint à l'écart tandis que le petit groupe des Harmonistes participait aux vêpres. Certes, personne n'avait prononcé le mot de « vêpres », mais il ne pouvait s'empêcher de comparer les hérétiques aux fidèles des religions anciennes.

Trois Terriens transformés vivaient dans la station. Et les subordonnés de Mondschein joignirent leurs voix à la sienne pour des hymnes dont la religiosité semblait offensante et vaguement émouvante en même temps.

Sept Vénusiens de basse caste participaient au service.

Ensuite, Martell partagea le dîner des trois Harmonistes. Il se composait d'une viande inconnue et de vin acide. Les Harmonistes semblaient à l'aise en sa présence, presque affables. L'un d'eux, Bradlaugh, était grand, fragile, avec des bras immenses et un visage aux traits comiquement rudes. L'autre, Lazarus, était athlétique, robuste, avec un regard étrangement vide. La peau de son visage était lisse, étirée, comme s'il portait un masque. C'était lui qui avait rendu visite à Martell aux premiers jours de sa malheureuse chapelle. Martell le soupçonnait d'être un esper. Son nom excitait sa curiosité.

– Lazarus..., demanda-t-il enfin. Etes-vous parent avec le *fameux* Lazarus?

– Je suis son arrière-neveu. Je ne l'ai jamais connu.

– Personne ne semble l'avoir connu, dit Martell. Je pense souvent que le vénéré Fondateur de votre hérésie est peut-être un mythe.

Autour de la table, les visages se durcirent.

– Je l'ai rencontré une fois, dit Mondschein. Quelques semaines après avoir troqué la robe bleue pour la verte... Il est venu me voir au moment où l'on allait m'opérer afin de m'adapter aux conditions vénusiennes. C'était un homme impressionnant. Très grand, l'air autoritaire, majestueux.

– Comme Vorst, dit Martell.

– Tout à fait comme Vorst. Ce sont des chefs-nés, tous les deux.

– Vorst lui aussi est venu me rendre visite, dit Martell. Juste avant *mon* opération. Il semble que ce soit l'usage.

– Usage rassurant, commenta Mondschein. (Il se leva:) Bonne nuit, mes Frères.

Martell demeura seul avec Bradlaugh et Lazarus. Un silence pénible s'établit. Après un instant, Bradlaugh dit sèchement :

– Je vais vous montrer votre chambre.

La chambre était petite, avec une simple couchette. Martell s'en contenta. Il y avait un nombre raisonnable de symboles religieux et c'était, après tout, un endroit où dormir. Il fit rapidement ses dévotions et ferma les yeux. Après un instant, le sommeil vint. C'était comme une fine coquille de torpeur sur un abîme de tourments.

La coquille fut brisée.

Un rire lui parvint, dur et sonore. Quelque chose frappa le mur de la chapelle. Il lutta pour s'éveiller et entendit une voix épaisse qui criait :

– Donnez-nous le Vorster!

Il s'assit. Quelqu'un entra dans sa chambre. Il comprit que c'était Mondschein.

– Ils ont bu! souffla l'hérétique. Ils ont traîné dans la ville toute la nuit et, maintenant, ils veulent la bagarre.

– Le Vorster!

Les voix étaient nombreuses, violentes.

Il alla à la fenêtre. Tout d'abord, il ne distingua rien. Puis, dans le rayonnement des cellules lumifères qui garnissaient les murs de la chapelle, il discerna sept ou huit silhouettes géantes qui gesticulaient dans la cour.

– Des « haute caste »! s'exclama-t-il.

– L'un de nos espers nous a prévenus il y a une heure, dit Mondschein. Cela devait se produire tôt ou tard. Je vais sortir et essayer de les calmer.

– Ils vont vous tuer!

– Ce n'est pas après moi qu'ils en ont, répliqua Mondschein en s'en allant.

Martell le vit surgir au dehors. Il fut immédiatement entouré par le cercle des Vénusiens ivres. Ainsi, il ressemblait à un nain cerné par des géants et Martell eut la brusque certitude qu'ils allaient l'attaquer.

Mais ils hésitèrent. Mondschein les affrontait délibérément. A cette distance, Martell ne pouvait entendre ce qu'ils se disaient. Peut-être étaient-ils en train de parlementer. Les géants vénusiens étaient armés et titubaient. Une créature lumineuse passa alors à proximité du cercle et Martell eut une brève vision des visages : ils étaient étrangers, déformés, terrifiants. Leurs pommettes étaient comme des lames, leurs yeux réduits à des fentes sombres. Mondschein, le dos à la fenêtre, gesticulait, le verbe véhément.

L'un des Vénusiens ramassa alors une pierre qui devait peser près de dix kilos et la lança sur la facade. Martell entrouvrit la fenêtre. Des bribes de paroles lui parvinrent, atroces :

— Laissez-le nous... Nous pourrions tous vous écraser, bande de crapauds...

Mondschein avait les mains levées, maintenant. Il devait implorer, se dit Martell.

Ou bien il essayait tout simplement de les contenir.

Martell, un instant, songea à prier, mais cela lui parut futile et vain. On ne priait pas en vue d'un secours immédiat, dans la Fraternité. On vivait dans le bien, on servait la cause, et la récompense venait ensuite.

Il se glissa dans sa robe et sortit.

Jamais encore il n'avait été aussi près d'un groupe de Vénusiens de la haute caste. Ils répandaient une odeur fétide qui lui rappela celle de la Roue.

— Que veulent-ils?

Mondschein le dévisagea, ahuri.

— Rentrez! Je négocie!

L'un des Vénusiens brandit une épée. Il la planta dans le sol spongieux sur plusieurs centimètres, prit appui dessus et lança :

— Voilà le prêtre! Qu'attendons-nous?

— Vous n'auriez pas dû sortir! dit Mondschein d'une voix éperdue. Il y avait une chance de les calmer!

— Ils vont détruire toute votre mission si je ne leur donne pas satisfaction. Je n'ai pas le droit d'agir ainsi.

— Vous êtes notre hôte, lui rappela Mondschein.

Mais Martell ne voulait pas de la charité des hérétiques. Il était venu à eux, ainsi qu'ils l'avaient soupçonné, dans l'unique espoir de les espionner. Il avait échoué, tout comme il avait échoué dans sa mission, et il n'avait pas l'intention de s'abriter derrière la robe verte de Mondschein.

Il saisit le bras de son aîné et lui dit :
— Montez! Vite!

Mondschein haussa les épaules et s'éclipsa.

Martell, seul, se retourna pour affronter les Vénusiens.

— Qu'est-ce que vous faites ici? lança-t-il.

Un crachat l'atteignit au visage. Sans s'adresser directement à lui, l'un des Vénusiens proféra :

— On va l'embrocher et le lancer dans l'Etang de Ludlow! Qu'est-ce que vous en dites?

— Ecrasons-le! Mettons-le en bouillie!

— Il faut l'empaler et l'offrir à une Roue!

— Je suis venu ici en paix, dit Martell. Je vous apporte le présent de vie. Pourquoi ne m'écoutez-vous pas? De quoi avez-vous peur?

Ce ne sont que de grands enfants, se dit-il. Ils usent de leur force pour écraser une fourmi.

— Asseyons-nous près de cet arbre. Laissez-moi vous parler pendant un moment... Je veux vous dégriser. Donnez-moi seulement votre main...

— Attention! brailla un des Vénusiens. Il pique!

Martell s'avança vers le géant le plus proche. L'homme fit un bond de côté, pris d'une frayeur peu honorable. L'instant d'après, comme pour effacer sa réaction, il sortit son épée du fourreau. L'arme anachronique scintillait. Elle était aussi haute que Martell. Deux autres Vénusiens empoignèrent leur dague. Tous s'avancèrent sur lui. Il emplit ses poumons d'air étranger et attendit que son sang transformé s'en nourrît. Tout à coup, il disparut.

– Comment êtes-vous arrivé ici? demanda l'ambassadeur Nat Weiner.

– J'aimerais le savoir, dit Martell.

La lumière du bureau était éblouissante. Il voyait encore devant lui les lames des épées. Une sensation d'irréalité l'envahit. C'était comme s'il venait de quitter un rêve pour pénétrer dans un autre, différent.

– Ce bâtiment est de haute sécurité, dit l'ambassadeur. Vous n'avez pas le droit de vous trouver ici.

– Je n'ai même pas le droit d'être vivant, répliqua le missionnaire.

★

Martell, au plus sombre de ses pensées, forma le projet de regagner la Terre pour aller rapporter à Santa Fe ce qu'il avait appris sur Vénus.

Il se rendrait au Centre Vorst où, moins d'une année auparavant, il était entré sous son apparence terrienne, et où des lames habiles et des lasers subtils avaient fait de lui l'être étranger qu'il était aujourd'hui. Il pourrait solliciter une entrevue avec Reynolds Kirby et apprendre au centenaire grisonnant aux lèvres minces que les Vénusiens disposaient de la télékinésie, qu'ils étaient capables de renverser une Roue, de projeter un adversaire dans un buisson de Mousse Mangeuse, de transporter instantanément un être humain sur dix kilomètres de distance, sain et sauf, en se jouant des murs et des obstacles.

Il fallait que Santa Fe sache cela.

La situation semblait compromise. Les Harmonistes étaient solidement établis sur Vénus et il existait de nombreux télékinésistes. Cela pouvait contrer durement le plan de Vorst. Bien sûr, les Vorsters eux aussi avaient remporté des succès. Ils étaient maîtres de la planète mère. Leurs laboratoires avaient réussi des expériences susceptibles de prolonger la vie humaine jusqu'à trois ou quatre cents ans sans remplacement d'organe, par simple régénération, ce qui était presque l'immortalité.

Mais l'immortalité n'était qu'un des objectifs des Vorsters.

L'autre était de trouver le moyen d'atteindre les inaccessibles étoiles.

Et là, les Harmonistes avaient acquis leur principal avantage. Ils disposaient de télékinésistes qui pouvaient d'ores et déjà accomplir des miracles. Encore quelques générations de sélection génétique et ils seraient à même d'envoyer des expéditions vers d'autres systèmes solaires. Lorsque l'on pouvait déplacer un homme sur dix kilomètres en toute sécurité, l'envoyer sur Procyon n'était qu'une question quantitative et non plus qualitative.

Il fallait que Martell le leur dise. Santa Fe l'appelait. Santa Fe! Cette vaste étendue semée de bâtiments où des techniciens, sans relâche, découpaient et façonnaient les gènes, où des familles d'espers allaient éternellement de test en test, où des hommes bioniques accomplissaient des prodiges incompréhensibles.

Mais Martell ne partit pas.

Un rapport personnel ne semblait pas nécessaire. Un message ferait tout aussi bien l'affaire. La Terre, désormais, était pour Martell un monde étranger et il lui aurait été difficile d'y retourner et d'y vivre en tenue atmosphérique. Il abandonna donc le projet d'un voyage.

Grâce aux bons soins de Nat Weiner, il put enregistrer un « cube » et l'adresser à Kirby, à Santa Fe.

En attendant la réponse, il prit ses quartiers à l'Ambassade martienne.

Il avait exposé la situation sur Vénus telle qu'il l'a percevait et avait exprimé ses craintes de voir les Harmonistes s'emparer des étoiles.

La réponse de Kirby arriva.

Il remerciait Martell de ses très utiles informations. Et il le rassurait : les Harmonistes, disait-il, étaient des hommes. S'ils atteignaient les étoiles, ce serait une victoire de l'humanité. Non pas la leur, ni celle des Vorsters, mais celle du monde entier, car la voie des étoiles serait désormais ouverte.

Frère Martell pouvait-il comprendre ce raisonnement ? lui demandait Kirby.

Martell sentit des sables mouvants s'ouvrir sous lui. Que voulait donc dire Kirby ? Fins et moyens se mêlaient désespérément. Les buts de son ordre seraient-ils donc atteints si les hérétiques venaient à conquérir l'univers ?

Il demeurait désemparé, paralysé, devant l'autel improvisé, dans la chambre que Weiner lui avait octroyée, cherchant des réponses à des questions que nul n'aurait su poser.

Quelques jours plus tard, il retourna voir les Harmonistes.

★

Martell se tenait aux côtés de Christopher Mondschein, face au lac étincelant.

Les nuages filtraient la clarté glauque du soleil. Des reflets pâles effleuraient l'eau imitée. Ils ne participaient que faiblement aux feux d'artifices des vaguelettes : l'eau imitée était habitée par les tentacules luminescents des grands cœlentérés qui hantaient le fond du lac. Sans cesse ils dérivaient entre les courants et leur rayonnement vert esquissait des reflets de fausse pleine lune sur le faux lac.

La lac abritait aussi d'autres créatures. Martell les devinait, glissant sous la surface. Elles étaient osseuses, cartilagineuses, avec des ailerons à l'éclat métallique et des mâchoires féroces.

Parfois, un museau fendait les flots et une créature affreuse fouettait l'air à une cinquantaine de mètres de distance avant de retomber et de disparaître. Des tentacules grouillants montaient des profondeurs et Martell n'avait pas la moindre envie de savoir quels pouvaient être leurs monstrueux propriétaires.

– Je pensais bien ne jamais vous revoir, dit Mondschein.

– Parce que j'ai échappé aux Vénusiens?

– Non. Ensuite. Parce que vous vous êtes réfugié auprès des Martiens. Je pensais que vous vous apprêtiez à retourner sur la Terre. Vous savez qu'il est inutile de songer à implanter une chapelle vorster ici...

– Je le sais, dit Martell, mais j'ai la mort de ce gosse sur la conscience. Je ne peux pas m'en aller maintenant. Je l'ai invité à me rendre visite et il a trouvé la mort. Il serait encore vivant si je l'avais chassé. Et je serais mort si l'un de vos petits Vénusiens ne m'avait pas téléporté.

– Elwhit était l'une de nos meilleures recrues, dit tristement Mondschein. Mais il avait en lui cette trace de sauvagerie, celle-là même qui l'avait initialement conduit vers nous... Il était angoissé. J'aurais aimé que vous le laissiez en paix.

– J'ai fait ce que je devais faire, répondit Martell. Je suis navré que cela se soit achevé de cette terrible manière.

Un long serpent noir traversait le lac, de droite à

gauche. Soudain, des membres jaillirent de l'eau et cueillirent un oiseau à une vitesse stupéfiante.

— Je ne suis pas revenu pour vous espionner, dit Martell avec prudence. Je veux me joindre à votre ordre.

Le front bleu et bombé de Mondschein se couvrit de plis légers.

— Je vous en prie. Nous avons déjà discuté de cela!

— Testez-moi, alors... Faites-moi sonder par l'un de vos espers! Je vous jure que je suis sincère, Mondschein!

— A Santa Fe, certains ordres hypnotiques ont été implantés dans votre cerveau... Je le sais... J'ai expérimenté cela moi-même. Ils vous ont envoyé ici pour nous espionner, mais vous l'ignorez vous-même. Et, si nous vous sondions, nous aurions beaucoup de difficultés à découvrir la vérité. Vous allez chercher à en apprendre le maximum sur nous avant de regagner Santa Fe. Et là, ils vous confieront à un esper lecteur qui pompera toutes vos informations.

— Non. Absolument pas.

— En êtes-vous sûr?

— Ecoutez, dit Martell, je ne crois pas qu'ils aient agi sur mon esprit, à Santa Fe. Je suis revenu vous voir parce que j'appartiens à Vénus. J'ai été transformé. (Il tendit les mains.) Ma peau est bleue. Mon métabolisme est un véritable cauchemar de biologiste. Je suis pourvu de branchies. Je suis vénusien parce que tel est le lot des Transformés. Mais je ne peux plus être un Vorster, parce que ceux qui sont nés sur la Terre ne veulent pas de moi. Il faut donc que je me joigne à vous. Vous comprenez?

Mondschein acquiesça :

— Je persiste à penser que vous êtes un espion.

— Je vous dis que...

– Du calme, dit l'Harmoniste. *Restez* un espion. C'est très bien ainsi. Vous pouvez demeurer parmi nous. Soyez des nôtres. Vous serez notre lien, mon Frère. Vous unirez les Vorsters et les Harmonistes. Jouez le double jeu, si vous le voulez. C'est exactement ce que nous désirons.

Une fois encore, Martell sentit que le sol n'était plus aussi ferme sous lui. Il s'imagina qu'il était dans une cheminée d'accès où le champ de gravité venait d'être soudain annulé. Il tombait, il tombait sans cesse...

Il rencontra alors le regard tranquille de son aîné et comprit que Mondschein devait n'être qu'un pantin dans quelque comédie œcuménique, quelque fantaisie machiavélique...

– Visez-vous la fusion des deux ordres? demanda-t-il.

– Pas moi. Mais cela fait partie du plan de Lazarus.

Martell pensa que Mondschein faisait allusion à son adjoint.

– Est-ce lui qui commande ici ou bien vous? demanda-t-il.

En souriant, Mondschein dit :

– Il ne s'agit pas de mon adjoint. Je parle de David Lazarus, le Fondateur de notre ordre.

– Il est mort.

– Certainement. Mais nous continuons à suivre le plan qu'il a élaboré il y a un siècle. Et ce plan prévoit la réunion de nos deux ordres. C'est inéluctable, Martell. Nous avons chacun ce que désire l'autre. Vous possédez la Terre et l'immortalité. Nous avons Vénus et la téléportation. Nos intérêts sont communs et peut-être serez-vous un de ceux qui nous aideront à réussir...

– Vous n'êtes pas sérieux!

– Aussi sérieux que possible, dit Mondschein.

(Son masque d'amabilité disparut tout à coup.) Désirez-vous vivre éternellement, Martell?

— Je ne suis pas pressé de mourir. A moins de quelque raison impérative, bien entendu.

— En vérité, vous désirez vivre *aussi longtemps que possible*... dans la dignité.

— C'est juste.

— Les Vorsters se rapprochent chaque jour du but. Nous devinons à peu près ce qui se passe à Santa Fe.

» Il nous est arrivé une fois, il y a bien quarante années de cela, de dérober tous les secrets d'un laboratoire de recherches sur la longévité. Cela nous a été utile, sans plus. Nous ne possédons pas encore le substrat nécessaire à la compréhension de l'ensemble. D'un autre côté, nous avons fait des progrès par nous-mêmes. L'alliance ne serait-elle pas fructueuse, à votre avis? Nous avons les étoiles, et vous l'éternité. Restez parmi nous et espionnez, mon Frère. Je crois – et je sais que Lazarus croyait de même – que moins nous aurons de secrets, plus vite nous réussirons.

Martell ne répondit rien. Un garçon surgit des bois. C'était un jeune Vénusien, peut-être celui-là même qui l'avait sauvé de la Roue, peut-être le frère d'Elwhit. Ils étaient tous tellement semblables dans leur étrangeté. Immédiatement, les façons de Mondschein changèrent. Il arbora un sourire affable.

— Amène-nous un poisson, demanda-t-il au garçon.

— Oui, Frère Christopher.

Il y eut un silence. Les veines saillaient sur le front du garçon. Au centre du lac, l'eau fut agitée d'un bouillonnement et une écume blanche se dessina. Une créature surgit, écailleuse, couleur d'or terni. Elle s'éleva dans les airs et plana, furieuse, ses immenses mâchoires béantes, impuissante. Elle tomba devant le groupe immobile sur la grève.

– Pas celui-ci! lança Mondschein.

Le garçon se mit à rire et le poisson retourna dans le lac.

Un instant plus tard, quelque chose d'opalescent vint tomber aux pieds de Martell. Une créature tressautante, dentue, longue de cinquante centimètres, avec des nageoires qui évoquaient des jambes atrophiées et une queue où s'agitaient des aiguillons redoutables.

Martell fit un bon en arrière, puis il comprit qu'il ne courait aucun danger. Le crâne du poisson venait d'être fendu par une masse invisible : il était désormais immobile. Martell éprouva alors de la terreur. Le jeune garçon svelte et rieur qui avait malicieusement sorti le monstre des eaux, puis cette chose, pouvait tuer quiconque d'une simple pensée issue de ses lobes frontaux.

Martell regarda Mondschein et demanda :

– Vos Pousseurs... Sont-ils tous vénusiens?

– Tous.

– J'espère que vous réussirez à les maintenir sous votre contrôle.

– Je l'espère aussi, répliqua Mondschein.

Il saisit le poisson avec précaution par un aileron, aussi loin que possible des aiguillons.

– C'est un délice, dit-il. Une fois que l'on a ôté les poches à venin, bien sûr. Nous allons encore en prendre deux ou trois et ça nous fera un repas sensationnel, ce soir, pour fêter votre conversion.

★

Ils lui donnèrent une chambre et aussi la liste de ses devoirs. Durant leurs instants de loisir, ils lui

145

enseignaient les dogmes de l'Harmonie Transcendante.

Martell trouva sa chambre correcte et son travail acceptable, mais il lui fut plus difficile d'accepter la théologie.

Il ne pouvait admettre que ce qu'il entendait pût avoir un sens, pour lui ou pour tout autre. Un christianisme réchauffé, une bonne dose d'islamisme, un soupçon de bouddhisme, tout cela versé sur un enseignement qui pour l'essentiel provenait de Vorst.

Le mélange lui paraissait plutôt indigeste.

Le syncrétisme était également présent dans les enseignements vorsters, mais Martell les avait acceptés parce qu'il était né avec eux.

Ils commencèrent par Vorst. Les Harmonistes l'acceptaient en tant que prophète, au même titre que les chrétiens respectaient Moïse ou que l'Islam rendait hommage à Jésus. Mais, bien sûr, David Lazarus faisait toute la différence.

Les écrits vorsters ne mentionnaient pas Lazarus. Martell ne le connaissait que par ses études de l'histoire de la Fraternité qui évoquait au passage Lazarus comme l'un des premiers adeptes de Vorst puis, ensuite, comme l'un de ses détracteurs.

Mais Vorst vivait toujours, les deux cultes étaient d'accord là-dessus, et il vivrait pour l'éternité, Premier Immortel en harmonie avec le cosmos. Lazarus était mort, cruellement martyrisé, trahi par les Vorsters lors de leur triomphe sur la Terre.

Le *Livre de Lazarus* rapportait ainsi sa triste histoire. En la lisant, Martell fut parcouru d'un frisson intérieur :

Lazarus était de bonne foi et sans reproche. Mais les hommes dont le cœur était endurci vinrent le tuer durant la nuit et ils jetèrent son corps dans un convertisseur afin qu'aucune molécule n'en subsistât. Et lorsque Vorst apprit ce forfait, il pleura et dit : J'aurais préféré mourir à sa place car vous lui avez maintenant donné une immortalité qu'il ne pourra jamais perdre...

Martell ne put rien découvrir dans les écrits harmonistes qui fût capable de jeter le discrédit sur Vorst. L'assassinat de Lazarus lui-même était nettement imputé à des subalternes qui avaient agi contre la volonté de Vorst. Et les écrits étaient imprégnés à chaque ligne de l'espoir de voir un jour les deux cultes réunis, bien qu'il fût précisé que les Harmonistes devraient atteindre l'Unité en conservant intacts leur puissance et leurs droits.

Quelques mois auparavant, Martell aurait considéré ces prétentions comme absurdes. Sur Terre, les Harmonistes étaient un mouvement presque éteint qui, chaque année, perdait des adeptes.

Mais à présent, parmi eux, même s'il n'était pas encore l'un d'eux, il comprenait qu'il avait gravement sous-estimé l'étendue de leur pouvoir.

Vénus leur appartenait. Les membres de la haute caste pouvaient menacer et parader : ils n'étaient plus les maîtres. Il y avait des espers parmi les Vénusiens de basse caste, des Pousseurs, et c'était aux Harmonistes qu'ils avaient confié leur destin.

Alors Martell se mit au travail. Il apprit. Il écouta.

Et il eut peur.

La saison des tempêtes arriva. Des éclairs jaillirent des éternels nuages et embrasèrent Vénus tout entière. Des torrents de pluie déferlèrent sur les plaines. Des arbres hauts de cent cinquante mètres furent arrachés du sol et emportés au loin. Parfois, des représentants de la haute caste venaient à la chapelle railler et menacer. Ils se tenaient debout dans la bise sifflante, grondant leur haine et leur défiance tandis qu'à l'intérieur les enfants de basse caste attendaient, prêts à défendre leurs maîtres si nécessaire.

Martell vit un jour trois hommes de la haute caste projetés à plus de trente mètres de la porte qu'ils avaient tenté d'enfoncer.

– Nous avons été frappés par la foudre, se dirent-ils. Nous avons de la chance d'être encore en vie.

Avec le printemps vint la chaleur. Martell travaillait dans les champs avec Frère Lazarus et Frère Bradlaugh.

Il n'enseignait pas encore. Il était maintenant très versé dans les enseignements harmonistes, mais il leur restait très extérieur. Une intangible barrière de scepticisme l'empêchait d'aller plus avant.

Et puis, par une journée étouffante où la sueur ruisselait des pores des quatre Terriens, Frère Léon Bradlaugh rejoignit les rangs bénis des martyrs. Cela survint soudainement.

Ils étaient dans les champs, et une ombre passa sur eux.

Tout au fond de Martell, une voix silencieuse cria : *Attention!*

Il fut incapable de bouger. Mais son heure n'était pas venue.

Quelque chose tomba du ciel, quelque chose de lourd, avec des ailes de cuir. Martell entrevit un bec long de deux mètres qui s'enfonçait dans la poitrine de Frère Bradlaugh. Il vit jaillir le sang comme une fontaine couleur de cuivre. Bradlaugh resta étendu sous la pie-grièche qui relevait le bec. Martell entendit un bruit de déchirure, d'arrachement.

Ils donnèrent les ultimes sacrements à ce qui restait de Frère Bradlaugh. Frère Christopher

Mondschein officia et convoqua ensuite Martell.

— Nous ne sommes plus que trois, maintenant, lui dit-il. Voulez-vous enseigner, Frère Martell?

— Je ne suis pas des vôtres.

— Vous portez une robe verte. Vous connaissez nos dogmes. Vous estimez-vous encore comme un Vorster, mon Frère?

— Je... J'ignore ce que je suis, répondit Martell. Il faut que je réfléchisse.

— Donnez-moi très vite votre réponse. Il y a beaucoup à faire, mon Frère.

Martell n'avait nullement conscience qu'avant le lendemain il saurait dans quel camp il se trouvait.

Le lendemain de l'inhumation de Bradlaugh, le vaisseau de Mars arriva, comme toutes les trois semaines.

Martell ne sut rien jusqu'au moment où Mondschein surgit et lui dit :

— Prenez l'un des enfants avec vous et faites vite. Il faut sauver un homme!

Il ne posa aucune question. La nouvelle avait sans doute été transmise par un réseau d'espers et il n'avait qu'à obéir. Il monta dans le véhicule. L'un des jeunes Vénusiens se glissa à côté de lui.

— Dans quelle direction? demanda Martell.

Le garçon tendit la main. Martell appuya sur le démarreur. Le véhicule bondit sur la piste en direction de l'astroport. Ils avaient à peine parcouru cinq kilomètres quand le garçon lui grommela de s'arrêter.

Une silhouette en robe bleue se tenait au bord de la piste, appuyée contre un arbre énorme. Deux valises gisaient sur le sol. Un animal au dos effilé, au museau aplati muni de défenses de sanglier, fonça sur le véhicule tandis qu'un second attaquait le Vorster.

Le garçon sauta sur le sol. Sans effort apparent, il projeta les deux animaux de l'autre côté de la route. Ils restèrent un instant étourdis, mais toujours aussi agressifs. Il les fit alors léviter de nouveau et se cogner la tête l'un contre l'autre. Cette fois, lorsqu'ils furent retombés, ils s'enfuirent en titubant dans les fourrés.

— Vénus semble toujours recevoir ainsi les nouveaux arrivants, dit Martell. Mon comité d'accueil était une Roue et j'espère que vous n'en rencontrerez jamais. Je serais aujourd'hui découpé en lanières si un jeune Vénusien n'avait eu la bonté de la terrasser... Etes-vous missionnaire ?

L'homme semblait trop stupéfait pour répondre dans l'instant. Il se tordit les mains, les ouvrit, rajusta sa robe et dit finalement :

— Oui... oui...

— Chirurgicalement modifié, n'est-ce pas ?

— C'est exact.

— Tout comme moi. Je suis Nicholas Martell. Comment vont les choses, à Santa Fe, mon Frère ?

Le nouvel arrivant serra les lèvres. C'était un petit homme maigre qui devait être de deux ou trois ans plus jeune que Martell.

— Quelle importance cela peut-il avoir pour Martell ? dit-il. Martell le rénégat, Martell l'hérétique ?

— Non, dit Martell, je...

Puis il se tut. Ses mains lissaient machinalement le tissu de sa robe verte d'Harmoniste. Ses joues étaient brûlantes. Il découvrait avec tristesse la vérité sur lui-même, il découvrait que, à partir de rien, un changement s'était opéré en lui, en profondeur. Soudain, il fut incapable de soutenir plus longtemps le regard de son successeur dans la mission vénusienne. Il se détourna et contempla les profondeurs de la forêt qui ne lui était plus aussi étrangère.

2152

LA RÉSURRECTION DE LAZARUS

Lazarus était de bonne foi et sans reproche. Mais les hommes dont le cœur était endurci vinrent le tuer dans la nuit et ils jetèrent son corps dans un convertisseur afin qu'aucune molécule n'en subsistât. Et lorsque Vorst apprit ce forfait, il pleura et dit : J'aurais préféré mourir à sa place car vous lui avez maintenant donné une immortalité qu'il ne pourra jamais perdre...

LE LIVRE DE LAZARUS.

La ligne principale du monorail n° 1 de Mars courait d'est en ouest comme un ruban de béton qui eût décoré tout l'hémisphère occidental de la planète. Au nord, s'étendait le District du Lac et ses champs fertiles. Au sud, plus près de l'équateur, se déployait la ceinture des stations de compression qui avaient contribué au miracle. Un œil averti pouvait encore déceler dans ce paysage les ultimes traces des cratères et des ravins anciens dissimulés par le premier tapis d'herbe et les bouquets de pins clairsemés.

Les pylônes de béton du monorail se succédaient pour aller se perdre à l'horizon. Ils atteignaient maintenant les territoires les plus lointains et le monorail se développait au fur et à mesure que s'accélérait la colonisation. Il eut été plus simple pour tous les Martiens de résider dans une unique mégalopole, mais ce n'était vraiment pas dans leur nature.

On en était à présent à la ligne 7 Y. Elle s'avançait au delà des étendues sauvages de la frontière, en direction du nouveau territoire et des Lacs de Beltram.

Les pylônes avaient déjà été érigés sur les trois-quarts du parcours à partir de l'embranchement de la ligne principale.

L'énorme machine progressait au sein du paysage, aspirant le sable par vingt mètres de fond pour le restituer sous forme de plaques de béton qu'elle crachait et plaçait dans le sol avec régularité. Sans cesse, elle aspirait, soufflait, crachait... Elle était rapide, infaillible, dirigée par un cerveau homéostatique. Derrière, suivaient d'autres machines qui posaient la voie entre les pylônes et installaient les câbles. Les pionniers de Mars avaient bien des miracles à leur disposition, mais la diffusion de l'électricité par micro-ondes n'en faisait pas partie et les lignes étaient encore installées, kilomètre après kilomètre, comme à l'aube de l'âge énergétique.

Le monorail avait été prévu pour les transports lourds. Les Martiens, comme tout un chacun, utilisaient les vivenefs pour se déplacer. Mais les gracieux petits engins n'étaient guère efficaces quand il s'agissait d'acheminer les matériaux de construction, et la planète tout entière était alors en construction.

A présent, la phase de reconstruction était dépassée. Les terraformeurs étaient repartis. Mars, en cet an de grâce 2152, était un terrain vague envahi de broussailles mais habitable. Il fallait maintenant y semer une civilisation. Les Martiens étaient des millions. Ils n'étaient plus des pionniers endurcis : désormais, ils se préparaient à jouir des plaisirs nés d'un énorme *boom* économique.

Et le monorail poussait, kilomètre après kilomètre, festonnant les mers, prenant les fleuves et les lacs dans ses lacis de béton.

Le travail lourd était effectué par les machines, les machines habiles... encadrées par l'homme, cependant.

Car il était difficile de prévoir une défaillance du système homéostatique.

La plus infime suffisait à désorganiser la mise en place des pylônes. Cela s'était produit quelques années auparavant. Sans raison apparente, les relais de disjonction avaient sauté et, avant que quiconque s'en fût rendu compte, trente kilomètres de pylônes gisaient en vrac par deux cents mètres de fond, dans le Lac Holliman.

Les Martiens avaient horreur du gaspillage.

Les machines ayant démontré qu'elles n'étaient pas totalement fiables, ils avaient décidé de les placer sous surveillance.

L'édification de ce prolongement du monorail n° 1 était surveillée par un homme mince et bronzé de soixante-huit ans, nommé Paul Weiner. Il bénéficiait de certains appuis politiques. Avec lui, se trouvait un personnage roux et trapu du nom de Hadley Donovan. Donovan, lui, ne comptait pas le moindre appui politique.

Selon les statistiques, les rouquins étaient rares sur Mars. Les gens trapus également, quoique leur nombre fût en légère augmentation depuis quelques années.

La vie devenait progressivement moins dure et les jeunes Martiens en étaient le reflet. Hadley s'amusait des usages belliqueux de ses aînés, de leur sens strict de l'étiquette, de leur port théâtralement roide et de leur inattaquable vanité.

Sans doute ces mœurs avaient-elles été d'usage au temps de la colonisation, se disait-il, mais cela remontait à plus de trente ans.

Donovan s'offrait le luxe de posséder une petite bedaine naissante. Mais il n'était pas sans savoir que Paul Weiner n'éprouvait pour lui que du mépris.

Sentiment qui était réciproque.

Les deux hommes, pour l'heure, étaient assis côte à côte dans la chenillette qui progressait à quelque trente-cinq kilomètres à l'heure en avant de la machine à pylônes.

Les transporteurs scintillaient à intervalles réguliers. Sur le panneau de contrôle, les couleurs qui apparaissaient et disparaissaient formaient une sorte de flux évanescent.

Weiner avait pour rôle de surveiller en permanence la chaîne de construction qui les suivait; quant à Donovan, il devait vérifier que la route suivait le tracé prévu tout en détectant les poches de sable mou contre lesquelles la machine serait impuissante.

Il essayait d'assumer les deux tâches en même temps. Dans un tel travail, il ne pouvait se permettre de confier la moindre responsabilité à un homme tel que Weiner, avec toutes ses relations politiques. Weiner était le neveu de Nat Weiner, qui occupait un rang élevé dans le Conseil.

Nat Weiner avait plus de cent ans. Il se rendait chaque année sur la Terre pour que les Vorsters s'occupent de sa rate, de ses reins ou de ses artères, pour les faire remplacer par autant de prothèses. Il vivrait sans doute éternellement. Peu à peu, il plaçait des membres de sa famille à tous les niveaux de la fonction publique.

Hadley Donovan luttait donc afin d'assumer une tâche prévue pour deux hommes. Il éprouvait un vague désespoir tandis que son regard, toutes les trente secondes, glissait de son propre tableau à celui de Weiner. Une lueur violette venait d'apparaître sur l'écran des Anomalies.

Donovan se demanda immédiatement ce qu'elle pouvait bien indiquer, mais il était pour l'instant trop pris par son propre travail pour soulever la question. C'est alors que Weiner demanda :

— J'ai quelque chose, Donovan. Qu'est-ce que vous en pensez?

Donovan fit stopper le véhicule et se pencha sur l'écran.

— Une caverne, à ce qu'il semble. A six kilomètres en dehors du parcours.

— Vous ne pensez pas que nous devrions aller y jeter un coup d'œil?

— Pourquoi? Le monorail ne passera pas à proximité.

— Vous n'êtes donc pas curieux? Ça pourrait être un trésor des Anciens Martiens...

Donovan ne jugea pas utile d'émettre un commentaire.

— Alors? insista Weiner. Qu'est-ce que vous pensez que ça peut bien être? Une grotte creusée par une rivière souterraine? Vous pensez que c'est possible? Avec tous ces cours d'eau qu'il y avait dans les profondeurs avant qu'on ne terraforme Mars... Des rivières sous le désert!

Donovan ressentit le premier coup d'aiguillon de l'agacement.

— Ce n'est probablement qu'une excavation mal refermée par les terraformeurs. Je ne vois vraiment pas pourquoi... Et puis... Oh, ça va! Allons jeter un coup d'œil. Laissons tomber tout le chantier pendant une demi-heure. Qu'est-ce que ça peut me faire, après tout?

Il se mit en devoir de bloquer les commandes.

C'était une interruption absurde, inutile, mais il fallait satisfaire la curiosité de son aîné.

Une grotte au trésor! Une rivière souterraine! Mais Donovan devait admettre en son for intérieur qu'il ne voyait pas d'explication immédiate à l'existence d'une telle poche dans le sous-sol. Géologiquement, c'était impossible.

Ils atteignirent l'objectif.

La poche se trouvait à six mètres de profondeur. L'herbe qui poussait en surface avait une apparence tout à fait normale. Quelques sondages plus fins confirmèrent que la caverne était longue de six mètres, large de quatre et haute d'environ deux ou trois mètres. Donovan était persuadé qu'elle avait été laissée par les ingénieurs terraformeurs. En tout cas, elle ne figurait sur aucun relevé. Il appela un robot excavateur qui se mit aussitôt au travail.

Dix minutes après, ils contemplaient le plafond de quartz vert.

Donovan réprima un frisson.

– J'ai bien l'impression, dit Weiner, que nous sommes tombés sur un caveau, non?

– Partons. Ça n'est pas notre affaire. Nous ferons un rapport à...

– Tiens. Qu'est-ce que c'est que ça?

Weiner venait de glisser la main dans un orifice. Il semblait palper quelque chose à l'intérieur.

Une lueur jaune jaillit, et il retira vivement la main.

– Par l'Harmonie Eternelle, soyez bénis, amis, dit une voix. Vous êtes ici dans le lieu de repos de

Lazarus. Une assistance médicale qualifiée me permettra de renaître. Je demande votre aide. S'il vous plaît, ne tentez pas d'ouvrir ce caveau sans une assistance médicale qualifiée.

Silence.

— Par l'Harmonie Eternelle, soyez bénis, amis, reprit la voix. Vous êtes ici...

— Un phocube, murmura Donovan.

— Regardez! lança Weiner en montrant le toit de quartz qui s'éclaircissait.

Eclairé de l'intérieur, il devenait transparent.

Donovan pouvait à présent observer l'intérieur du caveau rectangulaire.

Un homme maigre, au visage de faucon, y était étendu. Il reposait dans un bain nutritif et des tubes d'alimentation étaient fixés sur sa poitrine et ses bras. Cela évoquait un peu une Chambre du Néant, mais en plus complexe. Le dormeur souriait. Des symboles étaient inscrits sur les parois du caveau. Donovan les reconnut : ils étaient harmonistes... Les Harmonistes... Ce culte vénusien... Il était désemparé. Sur quoi étaient-ils donc tombés?

Le lieu de repos de Lazarus. Lazarus était le prophète des Harmonistes. Mais, aux yeux de Donovan, toutes les religions étaient à peu près semblables.

Pourtant, il lui faudrait faire un rapport sur cette découverte et les travaux seraient probablement retardés. Il serait mis sur le gril, qu'il le veuille ou non. Mais rien de tout cela ne serait advenu si Weiner avait continué à faire preuve de sa négligence habituelle. Pourquoi, mais pourquoi donc avait-il remarqué précisément cette anomalie?

— Nous ferions mieux de parler de tout ça à quelqu'un, dit Weiner. Je pense que c'est important.

★

Sur Vénus, dans un petit bâtiment cerné par la jungle, huit hommes faisaient face à un neuvième.

Tous avaient la peau bleue cyanosée des natifs de Vénus, bien que trois d'entre eux seulement fussent nés sur ce monde. Les autres, chirurgicalement transformés, étaient des Terriens de naissance, convertis afin de survivre sur Vénus. Ce n'était pas seulement leur corps qui avait été transformé. A un moment de leur développement spirituel, ils avaient appartenu à la Fraternité de la Radiation Immanente.

— Frère Nicholas, pouvons-nous entendre votre rapport? demanda Christopher Mondschein, supérieur des Harmonistes de Vénus.

Nicholas Martell était un homme d'âge moyen à la silhouette élancée, à l'expression résolue. Il observait ses huit collègues avec une expression de lassitude. Tous ces derniers jours, il avait peu dormi et son équilibre avait été sérieusement malmené. Il avait fait l'aller retour Vénus-Mars pour vérifier le stupéfiant rapport qui était parvenu sur les trois mondes.

— C'est exactement ce qu'ont décrit les journaux, dit-il. Deux ouvriers sont tombés sur le caveau alors qu'ils surveillaient la construction d'une ligne de monorail.

— Et vous l'avez vu? demanda Mondschein.

— J'ai vu le caveau. Ils l'ont isolé.

— Et Lazarus?

— Il y a bien quelqu'un dans le caveau. Quelqu'un qui a les traits de Lazarus à Rome, qui ressemble à tous ses portraits. C'est comme une Chambre du Néant. Les autorités martiennes ont examiné les

158

circuits de fermeture. Elles considèrent que tout sautera si l'on touche quoi que ce soit.

— Et cet homme, insista un personnage au visage émacié du nom d'Emory. Cet homme... est-il Lazarus ?

— Il lui ressemble... Songez que je n'ai jamais vu Lazarus en chair et en os. Lorsqu'il est mort, je n'étais même pas né... S'il est mort...

— Ne dites pas cela, lança Emory. Ce n'est qu'une comédie. Lazarus est mort et bien mort. Il a été jeté dans un convertisseur. Il ne reste rien de lui que des protons, des électrons et des neutrons dispersés.

— C'est ce que disent nos Ecritures, déclara Mondschein.

Il ferma les yeux un instant. Il était l'aîné de tous les hommes présents. Cela faisait presque soixante années qu'il était sur Vénus et c'était lui qui avait conduit le mouvement à la position qu'il occupait désormais.

— Il existe une possibilité pour que ce texte soit apocryphe, dit-il.

— Non! (C'était Emory qui venait de jeter ce cri. Il était jeune et d'esprit très conservateur.) Comment pouvez-vous dire une telle chose?

Mondschein eut un haussement d'épaules.

— Les premières années de notre mouvement, mon Frère, sont empreintes de doutes nombreux. Nous savons qu'il a existé un Lazarus et qu'il a travaillé à Santa Fe aux côtés de Vorst, qu'il s'est querellé avec lui à propos de la doctrine et qu'il a été assassiné, ou tout au moins écarté. Mais tout cela s'est passé il y a fort longtemps. Il ne reste personne dans notre mouvement qui ait connu directement Lazarus. Nous ne vivons pas aussi longtemps que les Vorsters, vous le savez. Ainsi donc, si Lazarus n'a pas été jeté dans un convertisseur, mais tout simplement conduit sur Mars et placé en état de vie ralentie dans une Chambre du Néant pour soixante ou soixante-dix années...

Le silence régnait dans la pièce. Martell lança un regard de détresse à l'adresse de Mondschein. Finalement, ce fut Emory qui déclara :

— Que se passera-t-il s'il revient à la vie et déclare être Lazarus ? Qu'adviendra-t-il de notre mouvement ?

— Nous affronterons cela le moment venu, dit Mondschein. Selon Frère Nicholas, il semble que quelques doutes subsistent quant à la possibilité d'ouvrir cette crypte.

— C'est exact, dit Martell. Si elle a été prévue pour exploser en cas de tentative d'effraction...

— Espérons-le, coupa Frère Claude qui n'avait pas encore pris la parole. Pour nous, Lazarus est plus utile en tant que martyr. Nous pourrions considérer la crypte comme un lieu de pèlerinage et peut-être même intéresser les Martiens à ce projet. Mais s'il revient à la vie et commence à déranger l'ordre des choses...

— Celui qui se trouve dans cette crypte *n'est pas Lazarus,* dit Emory.

Mondschein tourna vers lui un regard stupéfait. Emory semblait sur le point d'exploser.

— Vous feriez peut-être bien de vous reposer un peu, mon Frère, suggéra Mondschein. Vous prenez tout cela bien trop à cœur.

— C'est une affaire pénible, dit Martell. Si vous aviez vu cet homme dans le caveau... Il semble si angélique, si proche de... la résurrection...

Emory émit un gémissement. Mondschein fronça les sourcils un bref instant et, en réponse à son appel silencieux, un Vénusien entra. C'était l'un des espers que les Harmonistes avaient regroupés.

– Le Frère Emory est fatigué, Neerol, dit Mondschein.

Le Vénusien acquiesça. Sa main se posa sur le poignet de Frère Emory, violet sombre sur indigo. Un nexus se forma et le flux nerveux passa en un éclair. Au centre du cerveau d'Emory, des vannes s'ouvrirent. Il se détendit. Le Vénusien le conduisit alors hors de la pièce.

Mondschein regarda ses collègues.

– Il va nous falloir opérer en supposant que le véritable David Lazarus a été conduit sur Mars, dit-il, que nos livres sont erronés quant à sa fin et qu'il existe au moins une possibilité pour que le corps qui repose dans cette crypte soit ramené à la vie. La question est de savoir comment il nous faut réagir.

Martell, qui avait vu la crypte et qui, pour cette raison, ne serait plus jamais le même, déclara :

– Vous savez que j'ai toujours été sceptique quant à la valeur charismatique de l'histoire de Lazarus. Mais je pense que cette situation est à notre avantage. Si nous réussissons à nous emparer de la crypte et à en faire le centre symbolique de notre mouvement, quelque chose qui fascine l'imagination du public...

– Exactement! s'exclama Claude. Le fait de posséder un mythe a toujours été notre principal avantage. Nos adversaires ont Vorst et les miracles de sa médecine, Santa Fe et tout le reste, mais rien qui puisse toucher le *cœur* des gens. Nous, nous avons le martyre de Lazarus. C'est ce qui nous a permis de nous assurer la mainmise sur Vénus, ce que les Vorsters ne pouvaient faire. Maintenant, avec Lazarus ressuscité d'entre les morts...

– Vous oubliez le principal, intervint Mondschein avec douceur. Ce qui se passe sur Mars ne correspond nullement au mythe. Lazarus *ne doit pas ressusciter*. Il s'est volatilisé. Supposez que des archéologues découvrent que le Christ a été décapité et non crucifié? Supposez que l'on apprenne que Mahomet n'est jamais allé à la Mecque? Nous sommes prisonniers de notre propre mythologie. Si cet homme est réellement Lazarus, il peut nous détruire. Il peut anéantir tout ce que nous avons construit.

★

A cinquante kilomètres de la vieille cité de Santa Fe, les laboratoires du Centre Noël Vorst se dressaient entre les sombres montagnes.

Le Centre était le quartier général de la branche scientifique de la Fraternité, le haut lieu du mouvement. Là, scalpels et lasers taillaient dans les êtres vivants pour les transformer en chair étrangère. Là, des techniciens manipulaient les gènes, des familles entières d'espers étaient soumises à un cycle d'expériences sans fin et les hommes de la bionique, impitoyablement, projetaient leurs sujets vers d'autres plans d'existence.

Le Centre était une machine, puissante, laborieuse, efficace.

Mais ce qui était impensable, c'était que des hommes âgés occupaient le cœur de cette machine.

Ce cœur était situé en fait dans un dôme proche du grand auditorium où Noël Vorst résidait lorsqu'il se trouvait au Centre. Vorst, le Fondateur, dont on disait qu'il avait à présent plus de cent-vingt années d'âge.

Certains prétendaient qu'il était mort, en vérité, et que le Noël Vorst qui se montrait occasionnellement dans les chapelles de la Fraternité était un robot, un simulacre. Vorst lui-même jugeait cela amusant. La majeure partie de son corps était faite de métal et non de chair, mais il était indéniablement vivant et, dans l'immédiat, il n'avait nul projet de mourir. S'il avait eu la moindre intention de mourir, comment aurait-il pu se donner la peine de fonder la Fraternité de la Radiation Immanente ?

Les premières années avaient été difficiles. Il n'est jamais agréable de passer pour fou.

Parmi ceux qui l'avaient considéré comme tel, à ses débuts, il y avait eu Reynolds Kirby, qui était aujourd'hui le Coordinateur de l'Hémisphère, son second... Kirby, à l'époque, était entré en contact avec la Fraternité alors qu'il traversait une période de dépression. Il cherchait à se raccrocher à quelque chose, à n'importe quel point fixe au cœur de la tempête qu'il vivait. C'était en 2077. Soixante-quinze ans s'étaient écoulés, et Kirby était toujours accroché. Mais à présent, virtuellement, il était l'alter ego de Vorst, le prolongement vivant du cerveau du Fondateur.

Pourtant, à propos de cette affaire Lazarus, le Fondateur avait été rien moins que sincère avec Kirby. Pour la première fois depuis de nombreuses années, Vorst avait gardé entièrement pour lui les détails d'un projet. Il est certaines choses que l'on ne peut partager. Tout ce qui concernait Lazarus, Vorst le conservait *in pectore*. Dans ce domaine, il ne pouvait faire confiance à personne, pas même à Kirby.

Le Fondateur reposait sur un matelas de mousse qui lui épargnait une part importante de la gravité. Autrefois, ç'avait été un homme vigoureux, dynamique, et il lui était encore possible de le redevenir, s'il le désirait. Mais, pour l'heure, il préférait le confort. Il devait ménager ses forces. Son plan s'était déroulé pour le mieux, mais il savait pertinemment que le moindre relâchement de vigilance pouvait tout compromettre.

Kirby était assis devant lui, les lèvres minces, crispées, les cheveux grisonnants. Son corps, tout comme celui de Vorst, était devenu un assemblage d'organes artificiels. Les laboratoires vorsters n'utilisaient plus d'appareils aussi rudimentaires pour prolonger la jeunesse. Au cours de la génération précédente, ils étaient parvenus à provoquer la régénération de l'intérieur, par autoréfection physique, ce qui était préférable.

Mais Kirby était venu trop tôt pour cela, ainsi que Vorst. Pour eux, le remplacement des organes était le seul moyen de s'assurer l'immortalité. Avec un peu de chance, ils pourraient vivre encore deux ou trois siècles, en tenant compte des opérations de renouvellement.

Les hommes plus jeunes, ceux qui avaient adhéré au mouvement durant les quarante dernières années pouvaient espérer quelques siècles de vie supplémentaire.

Et même, songeait Vorst, *il se pourrait bien que certains vivent à jamais...*

– A propos de cette histoire de Lazarus..., commença Vorst.

Sa voix provenait d'un vocodeur. Soixante années auparavant, on avait dû lui ôter le larynx. Mais le vocodeur lui donnait une voix presque naturelle.

– Nous pourrions tenter l'infiltration de quelques-uns de nos hommes, dit Kirby. Je peux également agir sur Nat Weiner. Nous placerons une bombe dans cette crypte et nous offrirons ainsi à Lazarus le repos éternel.

– Non.

– Non?

– Bien sûr que non! dit Vorst.

Il abaissa les opercules qui lubrifiaient ses yeux.

— Il ne doit rien arriver à cette crypte ni à celui qui s'y trouve. Nous enverrons des hommes à nous, je suis d'accord. Et vous userez de votre pouvoir sur Nat Weiner. Mais pas pour détruire. Nous allons au contraire ramener Lazarus à la vie.

— *Nous allons*...

— Ce sera un cadeau que vous ferons à nos amis harmonistes. Afin de prouver notre inaltérable affection envers ceux qui sont nos frères dans l'Unité...

— Non, fit Kirby.

Les muscles se tordaient sur son visage ascétique et Vorst vit qu'il corrigeait l'afflux d'adrénaline pour tenter de conserver son calme devant cet assaut à sa logique.

— Il est le prophète de l'hérésie, reprit-il enfin d'une voix quelque peu apaisée. Je sais que vous avez vos raisons pour encourager leur développement dans certaines régions, Noël, mais quant à leur rendre leur prophète... Cela n'a pas de sens!

Vorst appuya sur un contact. Un compartiment s'ouvrit et il en sortit le *Livre de Lazarus*, les écritures de l'hérésie. Kirby fut quelque peu surpris de voir un tel ouvrage en un tel endroit, au cœur même du mouvement.

— Vous l'avez lu, n'est-ce pas? demanda Vorst.

— Bien sûr.

— Il y a de quoi vous faire pleurer... La façon dont mes abominables sbires ont traqué ce brave David Lazarus pour se débarrasser de lui... Ce fut l'un des actes les plus blasphématoires depuis la Crucifixion, non? Nos écritures sont mensongères. Dans le *Livre de Lazarus*, nous sommes les méchants... Or, voici Lazarus qui dormait sur Mars depuis soixante-dix années... Absolument pas désintégré, en dépit de tout ce que nous raconte son histoire. Merveilleux! Splendide! Nous consacrerons toutes les ressources de Santa Fe à sa résurrection.

» Ce sera un acte œcuménique par excellence. Vous savez certainement que je n'ai pas perdu l'espoir de voir un jour réunis les rameaux séparés de notre mouvement...

Les yeux de Kirby étincelèrent.

– Vous dites cela depuis soixante ou soixante-dix ans, Noël. Depuis que les Harmonistes se sont détachés de nous. Mais le croyez-vous vraiment?

– Je suis sincère en toute chose, dit doucement Vorst. Et je suis certain de les ramener à nous un jour. Selon mes conditions, bien entendu. Mais ils seront les bienvenus. Nous servons tous la même cause, de façon différente. Avez-vous connu Lazarus?

– Pas vraiment. Quand il est mort, je n'avais pas encore un rôle très important dans la Fraternité.

– J'oubliais, dit Vorst. Il m'est difficile de situer chacun dans son plan temporel. Je ne cesse d'osciller d'avant en arrière. Mais c'est vrai : vous montiez vers le sommet quand Lazarus a disparu. J'avais du respect pour cet homme, Kirby. J'ai pleuré sa mort, bien qu'il fût un entêté. J'entends laver la souillure faite à la Fraternité en ramenant Lazarus à l'existence. Son nom lui convient très bien, vous ne trouvez pas?

Kirby prit une sphère de métal luisante sur le bureau. C'était un presse-papiers, qu'il fit tourner entre ses doigts. Vorst attendait. Il avait toujours gardé auprès de lui cette sphère qui permettait à ses visiteurs d'expulser leur tension. Il savait très bien que, pour ceux qui lui demandaient audience, un entretien avec Vorst était comme un voyage au sommet du mont Sinaï pour y entendre les Commandements. Seuls les personnages très importants pouvaient rencontrer le Fondateur. Vorst appréciait ces instants. Ses yeux ne quittaient pas Kirby, aux prises avec lui-même.

Finalement, Kirby – le seul homme sur la Terre qui pût appeler Vorst par son prénom – déclara d'une voix grave :

– Bon sang, Noël! Quel sorte de jeu jouez-vous?
– Un jeu?
– Vous restez assis là, à sourire, à me dire que vous allez faire renaître Lazarus. Vous manipulez les mondes comme des boules de billard. Pour moi, cela n'a pas de sens. N'est-il donc pas préférable que cet homme soit mort?
– Non. Mort, il est un symbole. Vivant, nous pouvons le contrôler. C'est tout ce que j'ai à dire.

Les yeux pénétrants de Vorst rencontrèrent le regard inquiet de Kirby et le soutinrent.

– Vous pensez peut-être que je suis sénile, n'est-ce pas? Que j'ai préparé ce plan depuis si longtemps qu'il a fini par pourrir dans ma tête?... Mais je sais ce que je fais. J'ai besoin de Lazarus vivant... Sinon, je n'aurais rien entamé de tout cela. Entrez en contact avec Nat Weiner. Emparez-vous de cette crypte. Peu m'importe comment. Nous travaillerons sur Lazarus ici, à Santa Fe.

– Très bien, Noël. Comme vous voudrez.
– Faites-moi confiance.
– Que puis-je faire d'autre?

Kirby quitta la pièce.

Vorst se détendit. Les yeux clos, il laissa les hormones se diffuser dans son flux sanguin.

L'univers vacilla. Vorst se retrouva à la dérive dans le temps, rejeté en 2071.

Il assemblait des réacteurs au cobalt 60 dans un atelier sordide; il louait des chambres minuscules dont il faisait autant de chapelles de fortune.

Il rebondit, tourbillonna en avant, vertigineusement, franchit la limite du présent, la dépassa.

Vorst était un esper de faible degré, aux pouvoirs timides. Mais son esprit était capable de choses étranges.

En cet instant précis, il contemplait le rivage de demain et tentait de jeter l'ancre, de toutes ses forces.

D'un geste décidé, il ouvrit le communicateur placé sur son bureau et prononça quelques mots à l'adresse de l'interne de garde du pavillon des espers « grillés » sans révéler son identité.

Oui, lui dit l'interne, il y avait une esper qui était sur le point de « griller ». Non, il était peu probable qu'elle pût survivre.

– Préparez-la, dit Vorst. Le Fondateur va lui rendre visite.

Les assistants de Vorst se rassemblèrent autour de lui, prêts à l'accompagner. Le vieil homme refusait l'immobilité et tenait à conserver la plus grande part d'activité possible.

Un puits d'accès le conduisit au niveau du sol. Escorté de la valetaille qui ne le quittait jamais, le Fondateur traversa la place immense pour gagner le pavillon des espers « grillés ».

Il y avait là une demi-douzaine d'espers malades, au seuil de la mort, entre les épaisses murailles, gardés par des membres de leur race.

Il y avait ceux qui étaient submergés par leurs propres pouvoirs, ceux qui usaient une fois d'un voltage qu'ils ne pouvaient contrôler et qui étaient détruits. Depuis les premiers jours, Vorst s'était consacré à leur sauvegarde car il avait en horreur toute perte, quelle qu'elle fût, et il avait terriblement besoin des espers.

Le taux de guérison était en augmentation, ces derniers temps, mais pas suffisamment. Vorst savait pourquoi certains espers « grillaient ».

Ceux qui périssaient ainsi étaient les vagabonds

qui dérivaient dans le temps, qui larguaient les amarres du présent. Ils allaient ainsi du passé au présent en un perpétuel mouvement de balancier, incapables de contrôler leurs déplacements, accumulant peu à peu une charge d'énergie temporelle qui, à la fin, faisait littéralement exploser leur esprit.

C'était un vertige mortel, un mal du temps dont Vorst lui-même avait éprouvé les premières atteintes.

Il y avait presque un siècle de cela, durant dix années, il s'était cru fou. Jusqu'au moment où il avait compris.

Il avait contemplé les franges du temps, il avait eu une vision de l'avenir qui l'avait détruit, puis reconstruit. Et cela, il le savait, n'avait été qu'un faible reflet de ce qu'éprouvaient vraiment les espers.

La fille était jeune, orientale. Une combinaison fatale, à ce qu'il semblait. Plus de quatre-vingts pour cent des espers « grillés » appartenaient au groupe mongoloïde. Généralement, il s'agissait d'adolescentes. Celles qui étaient marquées n'allaient jamais bien loin dans l'âge adulte.

Celle-ci devait avoir dans les seize ans, bien qu'il fût difficile d'avoir une certitude. En fait, elle pouvait avoir entre douze et vingt-cinq ans.

Elle était étendue sur un lit, les membres convulsés, à demi nue, tordant les draps sous l'effet de la souffrance. La sueur luisait sur son front brun doré. Elle se cambra, une grimace déforma ses traits, puis elle se détendit. Les petits seins que laissait voir sa robe déchirée étaient ceux d'une enfant.

Les Vorsters vêtus de bleu, impressionnés par l'irruption du Fondateur, se tenaient immobiles de part et d'autre du lit.

– Elle sera morte avant une heure, n'est-ce pas? demanda Vorst.

L'un des Vorsters acquiesça.

Vorst s'approcha du lit. Il prit le bras de la fille entre ses doigts parcheminés. Un autre esper s'avança, plaça une main sur celle de Vorst, une autre sur le bras de la fille, établissant ainsi la liaison nécessaire. Et soudain, Vorst fut en contact avec l'agonisante.

Son cerveau était en flammes. Elle bondissait d'avant en arrière dans le temps et il la suivit.

Il lui sembla qu'un éclair jaillissait soudain au centre de son esprit. Il y eut un flamboiement de lumière. Présent et passé se fondirent. Le corps ascétique de Vorst ploya comme un roseau dans un vent furieux. Des images entamèrent une danse démoniaque, ombres surgies du passé, signaux encore obscurs de demain.

Dites-moi! Dites-moi! implora Vorst. *Montrez-moi la route!*

Il était au seuil de la révélation. Depuis soixante-dix ans, il suivait ce même chemin, pas à pas. Les espers aux corps torturés, déformés, convulsés étaient pour lui autant de ponts jetés vers le futur. Ainsi, il s'arrachait au présent pour se lancer sur la ligne du monde, dans le temps. Selon son vaste plan.

Laissez-moi voir! supplia-t-il.

L'image de David Lazarus dominait les lignes de force de l'avenir, ainsi qu'il l'avait prévu. Lazarus, semblable à quelque colosse ressuscité inopinément, les bras tendus vers ses frères hérétiques vêtus de vert.

Vorst ne put réprimer un frisson. L'image trembla et disparut. La main frêle du Fondateur se détendit.

– Elle est morte, dit-il. Emmenez-moi.

★

Un vieil homme avait donné l'ordre; un autre avait obéi. Un troisième allait se voir demander un service.

Nat Weiner, du Présidium martien, était toujours prêt à se montrer obligeant envers son vieil ami Reynolds Kirby. Il y avait si longtemps qu'ils se connaissaient... Plus longtemps encore qu'ils ne voulaient l'admettre.

Weiner, comme la plupart des Martiens, n'était pas plus vorster qu'harmoniste. Les Martiens n'avaient que faire des religions et ils conservaient à leur égard une attitude neutre et très profitable.

Sur la Terre, les Vorsters constituaient désormais une espèce de gouvernement mondial et leur influence était perceptible en tous lieux.

Pour Mars, le fait de conserver des liens avec les dirigeants vorsters relevait du simple bon sens, puisque les affaires continuaient de se traiter avec la Terre.

Vénus, la planète des Transformés, constituait un cas absolument différent. Nul ne pouvait savoir avec certitude ce qui se passait sur Vénus. On savait seulement que l'Hérésie harmoniste y était solidement implantée depuis trente ou quarante ans et qu'elle pourrait un jour devenir le porte-parole de la seconde planète solaire, au même titre que les Vorsters pour la Terre.

Weiner s'était rendu sur Vénus en tant qu'ambassadeur de Mars et il croyait bien comprendre les hommes à peau bleue depuis ce voyage. Il ne les aimait guère, mais il avait depuis longtemps dépassé le stade des grandes émotions. Tout cela et le reste, était loin derrière lui, avec son centième anniversaire.

De Santa Fe, et pour une somme fabuleuse, Reynolds Kirby put entrer en communication avec Weiner et lui exposer quel service il attendait de lui. Cela faisait douze ans qu'ils ne s'étaient pas revus, depuis la dernière visite de Weiner au centre de Jouvence de Santa Fe.

Il n'était pas d'usage d'accorder le bénéfice d'un traitement aux incroyants, mais Kirby avait fait une exception pour son vieil ami martien et ses proches. Ils avaient ainsi tous droit à des cures régulières, à titre exceptionnel.

Weiner comprenait parfaitement que Kirby acceptait d'invisibles traites pour cette faveur et qu'un jour viendrait où il lui faudrait bien payer la note.

Il n'y voyait aucun inconvénient : l'important était de continuer à vivre.

En fait, il aurait été prêt à rejoindre les Vorsters pour avoir accès à Santa Fe. Ce qui, évidemment, eût été un coup fatal porté à sa carrière politique. Sur Mars, les Vorsters et les Harmonistes étaient considérés comme des subversifs. Avec Kirby, il avait tous les bénéfices sans aucun risque. Pour cette raison, il était prêt à payer un très bon prix à son ami.

— Avez-vous vu ce prétendu caveau, Nat? demanda le Vorster.

— Je m'y suis rendu il y a deux jours. Nous avons mis en place un important cordon de sécurité. Savez-vous que c'est mon neveu qui a fait cette découverte? J'ai rudement envie de le tuer.

— Pourquoi?

— Comme si nous avions besoin de voir les Harmonistes mettre leur nez dans la région des Lacs de Beltram... Pourquoi ne l'avez-vous pas enterré sur Vénus, avec ses semblables?

– Qu'est-ce qui vous fait croire que c'est nous qui l'avons enterré, Nat?

– N'est-ce pas vous qui l'avez tué? Ou qui l'avez jeté dans la glace ou je ne sais quoi?...

– Tout cela s'est produit bien avant mon époque, dit Kirby. Vorst est le seul à connaître la véritable histoire, et encore... Mais il est certain que ce sont des partisans de Lazarus qui l'ont placé dans cette crypte, non?

– Non, absolument pas, rétorqua Weiner. Pourquoi auraient-ils donc couru le risque de démentir leur propre légende? Lazarus est leur prophète. S'ils l'ont mis là, ils auraient dû s'en souvenir, n'est-ce pas? Et prêcher sa résurrection. Mais c'est eux qui ont été le plus surpris par tout ça. (Weiner fronça les sourcils.) D'un autre côté, le message enregistré dans la crypte est plein de maximes harmonistes. Et les parois sont couvertes de leurs symboles... J'aimerais bien comprendre. Mieux : j'aimerais que nous n'ayons jamais fait cette découverte. Mais pourquoi m'appelez-vous, Ron?

– Vorst le veut.

– Il veut Lazarus?

– Oui. Il désire le ramener à la vie. Nous ferons transporter le caveau tout entier jusqu'à Santa Fe, puis nous l'ouvrirons et nous ressusciterons Lazarus. Vorst veut annoncer la nouvelle dès demain, sur tous les réseaux.

– Impossible, Ron. Si quelqu'un doit l'avoir, ce sont les Harmonistes. Lazarus est leur prophète. Comment pourrais-je vous le donner, mon vieux? Vous êtes censés l'avoir assassiné, et voilà que...

– Et voilà que nous allons le rendre à la vie. Tout le monde sait que c'est là une performance qui est hors de portée des Harmonistes. Libre à eux d'essayer, s'ils le désirent, mais ils ne disposent pas de nos laboratoires. Nous sommes en mesure de le ressusciter. Ensuite, nous le rendrons aux Harmonistes et il pourra alors prêcher tout ce qu'il voudra. Laissez-nous seulement accéder à la crypte.

— Vous me demandez beaucoup, dit Weiner.

— Nous vous avons donné beaucoup, répondit Kirby.

Weiner hocha la tête. Le crédit est échu, songea-t-il.

— Si je fais cela, dit-il, les Harmonistes exigeront ma tête.

— Elle est plutôt solide, Nat. Trouvez un moyen. Sans cela, Vorst vous mènera la vie dure.

Weiner eut un soupir.

— C'est bon... Il en sera comme il le désire.

Mais comment faire? se demanda-t-il quand le contact fut coupé. *Cas de force majeure? Prendre la crypte et envoyer l'opinion publique aux cent diables? Et si Vénus se mettait en colère?*

Il n'y avait encore jamais eu de guerre interplanétaire. Le moment en était-il venu? Les Harmonistes réclamaient leur prophète et ils étaient dans leur droit. Pas plus tard que la semaine précédente, ce Martell qui avait jadis appartenu aux Vorsters avant de changer de camp était arrivé de Vénus pour visiter la crypte. Il avait esquissé un plan pour en prendre possession. Lui et son maître Mondschein exploseraient quand ils s'apercevraient que Lazarus avait été expédié à Santa Fe.

Il convenait de traiter tout cela avec beaucoup de doigté.

L'esprit de Weiner se mit à fonctionner comme un ordinateur. Il examinait et rejetait rapidement diverses probabilités, ouvrant et fermant un circuit après l'autre.

Weiner n'était pas demeuré au pouvoir uniquement par le fait de l'âge, mais aussi grâce à son habileté. Il avait beaucoup appris depuis cette fameuse nuit où, jeune, excité, ivre, il s'était conduit comme un fou dans les rues de New York.

Après trois heures et quelques milliers de dollars volatilisés en appels interplanètes, Weiner fut en possession de sa solution.

En tant qu'artefact, la crypte était propriété du gouvernement martien. Mars disposait donc d'une voix importante sur ce chapitre. Cependant, le gouvernement devait reconnaître la valeur symbolique exceptionnelle de cette découverte et se proposait en conséquence de consulter les autorités religieuses des deux autres mondes. Un comité allait être constitué avec trois Harmonistes, trois Vorsters et trois Martiens, choisis par Weiner lui-même. Les Harmonistes et les Vorsters décideraient sans nul doute dans le sens de leur propre culte mais, les Martiens conservant une absolue neutralité, leur jugement serait impartial.

Bien entendu.

Le comité déciderait du sort de la crypte. Les Harmonistes, c'était certain, la réclameraient. Les Vorsters, ayant rendu publique leur volonté de réanimer Lazarus, demanderaient que cette chance leur soit accordée. Les Martiens, en définitive, examineraient les diverses solutions.

Et puis, se disait Weiner, on passerait au vote. L'un des Martiens voterait comme les Harmonistes – pour sauvegarder les apparences. Les deux autres décideraient de laisser les Vorsters tenter d'éveiller le dormeur... sous réserve d'une surveillance rigoureuse destinée à prévenir toute manœuvre illicite. Le résultat – cinq voix contre quatre – accorderait la crypte aux Vorsters.

Bien sûr, Mondschein protesterait. Mais les termes de l'accord autoriseraient quelques représentants harmonistes à pénétrer dans les laboratoires secrets de Santa Fe durant une courte période et cela devrait calmer le courroux de Mondschein.

Il y aurait aussi, ultérieurement, quelques remous mais, si Kirby tenait sa parole, Lazarus serait réanimé et rendu à ses fidèles.

Comment les Harmonistes pourraient-ils réellement s'élever contre cette solution?

Weiner sourit. Il n'y avait pas de problème si complexe qu'il ne pût être résolu.

A condition de réfléchir un peu, évidemment.

Weiner éprouvait une certaine satisfaction. Avec quarante années de moins, il se serait offert une petite fête pour célébrer la solution. Mais, à présent, c'était là chose impossible.

★

— N'y allez pas, dit Martell.
— Méfiant? demanda Christopher Mondschein. Mais c'est une occasion unique de pouvoir observer leur base. Je ne suis plus retourné à Santa Fe depuis ma jeunesse. Pourquoi devrais-je renoncer?
— Nul ne peut prévoir ce qui peut vous arriver là-bas. Ils aimeraient tellement mettre la main sur vous. Après tout, vous êtes le pivot du mouvement vénusien.
— Et ils me réduiraient en cendres sous le regard de trois mondes? Soyez logique, Nicholas. Quand un pape visite la Mecque, on prend soin de lui, on le protège plus que quiconque. Non, je ne courrai aucun danger à Santa Fe.
— Et les espers? Ils vont vous sonder.
— Neerol m'accompagnera, dit Mondschein. Il me servira de bouclier. Ils n'obtiendront rien. Il est en mesure de repousser n'importe lequel de leurs espers. De plus, je n'ai rien à cacher à Noël Vorst. Vous devriez comprendre cela, tous autant que

vous êtes. Vous-même, nous vous avons bien admis parmi nous alors que vous étiez sous le contrôle des services d'espionnage vorsters. Il était dans notre intérêt de pouvoir montrer à Vorst jusqu'où nous étions allés.

Martell essaya un autre argument.

– En vous rendant à Santa Fe, vous donnez la caution de notre ordre à ce soi-disant Lazarus.

– Voilà que vous parlez comme Frère Emory! Vous allez me dire maintenant que tout cela n'est qu'un mensonge?

– Je prétends que nous devrions considérer cette histoire comme telle. Elle est en contradiction avec notre propre légende de Lazarus. Il est possible qu'il s'agisse d'un stratagème des Vorsters pour jeter la confusion parmi nous. Qu'allons-nous faire quand ils nous rendront un Lazarus bien vivant? Un Lazarus qui marchera et parlera, et qui tentera de refondre tout notre mouvement autour de lui?...

– C'est une question difficile, Nicholas. Nous avons établi notre dogme sur l'existence d'un martyre. S'il s'avère à présent qu'il n'a pas été martyrisé...

– Exactement. Cela peut nous détruire.

– J'en doute, fit Mondschein. (Il effleura ses bajoues d'un geste furtif et nerveux.) Vous ne regardez pas assez loin devant vous, Nicholas. Je veux bien admettre que, jusqu'ici, les Vorsters nous ont manœuvrés. Ils se sont emparés de Lazarus et ils s'apprêtent à nous le rendre. C'est très embarrassant, je vous l'accorde, mais qu'y pouvons-nous? Les prochaines phases nous reviennent. S'il meurt, nous révisons légèrement nos écrits. S'il vit et tente de s'imposer, nous déclarons qu'il s'agit d'un vaste stratagème monté par les Vorsters pour jeter le discrédit sur Lazarus afin de nous détruire. Cela nous vaut un point: notre histoire initiale reste exacte et nous révélons dans le même temps les sinistres complots des Vorsters.

— Et si cet homme est vraiment Lazarus? demanda Martell.

Mondschein eut un sourire radieux.

— Dans ce cas, nous voici avec un prophète sur les bras, Frère Nicholas. C'est un risque que nous devons courir. Je pars pour Santa Fe.

★

Sur la Terre, le Centre Noël Vorst était le siège d'une activité inhabituelle dans l'attente du vaisseau-cargo de Mars.

Un bloc complet de laboratoire avait été réservé pour la résurrection de Lazarus. Pour la première fois depuis la fondation du Centre, soixante-dix ans auparavant, des caméras-vidéo seraient autorisées à transmettre aux trois mondes des images de ses activités internes.

Il y aurait bientôt là de nombreux étrangers, et même une délégation d'Harmonistes. Pour les plus anciens Vorsters, tel Kirby, c'était une chose presque inimaginable. Pour lui, le secret était devenu une routine. Mais l'ordre émanait de Vorst et nul ne pouvait prétendre s'opposer au Fondateur.

— Je crois qu'il est temps de soulever un peu le couvercle, avait déclaré Vorst.

Kirby, quant à lui, soulevait peu à peu le couvercle au fur et à mesure que le grand jour approchait.

Il était troublé par certains trous dans ses souvenirs et, comme son rang de second dans la hiérarchie l'y autorisait, il entreprit de les combler en consultant les Archives.

Il ne se rappelait que bien peu de choses concernant la carrière de David Lazarus avant son martyre et il avait le sentiment qu'il était pour lui très important d'en connaître plus que la version officielle.

Qui était Lazarus? Comment s'était-il trouvé inséré dans le contexte vorster? Et comment l'avait-il quitté?

Kirby lui-même s'était converti en 2077, à New York. Il s'était agenouillé devant le Feu Bleu du réacteur au cobalt.

Nouveau converti, il n'avait pas eu à se préoccuper des questions politiques au sein de la hiérarchie mais uniquement des valeurs du culte : la stabilité, l'espérance d'une longue existence, le rêve de la conquête des étoiles grâce aux espers enfin domptés.

Kirby voulait voir l'homme atteindre d'autres systèmes solaires. Mais ce n'était pas le but essentiel de sa vie.

Les chances d'être immortel – l'attrait majeur des Vorsters pour les nouveaux adeptes – ne lui semblaient pas plus merveilleuses. Non, ce qui l'avait attiré, à quarante ans, c'était la discipline que proposait le mouvement.

Son existence agréable manquait d'assise, de structure. Le monde autour de lui était un tel chaos qu'il ne pouvait que voler d'un paradis synthétique à un autre.

C'est alors que Vorst était apparu. La foi nouvelle avait fasciné Kirby.

Durant les premiers mois, il s'était contenté d'être un simple adorateur. Mais, ensuite, il s'était retrouvé acolyte. Puis ses facultés naturelles d'organisation s'étaient manifestées. Il s'était mis alors à monter rapidement dans la hiérarchie, de poste en poste, jusqu'à se retrouver à quatre-vingts ans à la droite de Noël Vorst. Et très préoccupé par sa survie.

Selon la version officielle, le martyre de David Lazarus avait eu lieu en 2090.

Kirby était alors vorster depuis treize ans, Inspecteur de District, avec des milliers de Frères sous ses ordres.

Aussi loin qu'il pût se souvenir, il n'avait jamais entendu parler de Lazarus avant 2090.

Quelques années plus tard, les Harmonistes du mouvement hérétique avaient commencé à prendre de l'importance. Ils avaient opté pour la robe verte et s'étaient mis à tourner en dérision le pouvoir séculaire des Vorsters.

Ils se présentaient comme les adeptes du martyr Lazarus. Mais, songeait Kirby, il n'avait guère été question de Lazarus, à cette époque. Ce n'est que plus tard, lorsque les Harmonistes avaient acquis encore un peu plus de pouvoir et qu'ils avaient arraché Vénus à Vorst, qu'ils avaient brandi le mythe de Lazarus.

Comment se fait-il, se demandait Kirby, *que moi, contemporain de Lazarus, je n'aie jamais entendu prononcer son nom?*

Il se dirigea vers le bâtiment des Archives.

C'était un dôme d'un blanc laiteux, recouvert d'une substance rugueuse qui lui conférait l'aspect d'une peau de requin.

Kirby suivit un tunnel dallé, déclina son identité au robot de garde, puis franchit un iris avant de se retrouver dans la salle vert olive où étaient stockés les divers enregistrements. Il s'approcha du tableau de référence et demanda :

– LAZARUS, DAVID.

Des tambours se mirent à tourner dans les profondeurs de la terre. Des films défilèrent, s'offrant à la caresse du sondeur. Des images se formèrent et dérivèrent en direction de Kirby tandis que des caractères naissaient en scintillant.

La biographie était brève et imprécise.

NÉ LE 13 MARS 2051
ÉTUDES : *Primaires et secondaires, Chicago.*
UNIVERSITÉ HARVARD. 2072 : *Diplôme de Philosophie; 2075 : Doctorat en ethnologie.*
DESCRIPTION PHYSIQUE : *1 mètre 86 – 87 kilos – Yeux et cheveux sombres – Aucune cicatrice particulière.*
AFFILIATION : *Inscrit à la Chapelle de Cambridge le 11 avril 2071. Rang d'acolyte le 17 mars 2073.*

Suivait une liste des divers rangs occupés par David Lazarus s'achevant par cette seule mention : DÉCÉDÉ LE 9 FÉVRIER 2090.

C'était tout. Un ensemble bien maigre, sans aucune précision, sans un seul des détails qui émaillaient les renseignements que Kirby possédait déjà, aucune allusion à l'opposition de Lazarus à Vorst. Rien.

C'était là, se dit Kirby avec un sentiment de malaise, le genre de biographie que n'importe qui aurait pu composer en cinq minutes pour l'insérer dans les Archives. La veille, peut-être...

Il parcourut encore les banques de mémoire, espérant pêcher quelque détail à propos de l'ex-hérétique, mais il ne trouva rien.

Bien sûr, il n'y avait pas de quoi étayer ses soupçons. Lazarus était mort depuis longtemps et peut-être les archives étaient-elles plus concises aux premiers temps de l'ordre...

Mais c'était quand même déroutant.

Kirby quitta le dôme. Sur son passage, des acolytes le regardaient comme s'il était Vorst lui-même.

Il ne faisait aucun doute que certains éprouvaient l'envie de s'agenouiller devant lui.

Si seulement ils savaient, songea-t-il. *Si seulement ils savaient combien je suis ignorant après soixante-*

quinze années passées avec Vorst. Si seulement ils savaient...

★

La crypte de verre de David Lazarus, acheminée à grands frais, reposait au centre de la salle d'opération, sous l'œil vigilant des cameras-vidéo fixées dans les murs et le plafond.

Une forêt d'appareils avait été soigneusement édifiée autour de la crypte : polygraphes, compresseurs, centrifugeuses, chirurstats, sondeurs, étalonneurs d'enzymes, rétracteurs, impacteurs, agrafeurs cervicaux, tiges thoraciques, reins artificiels, filtre cardio-pulmonaire, biopticons, plus un générateur d'hélium II et un cryostat monstrueux et scintillant.

L'ensemble était impressionnant, ainsi qu'on l'avait voulu. Toute la science vorster se montrait ici et le moindre détail superflu était calculé pour renforcer l'orchestration.

Vorst lui-même n'était pas encore là. Cela aussi faisait partie de l'orchestration. Tout comme Kirby, il observait la mise en place depuis son bureau. Le membre le plus important de la Fraternité qui fût présent était, pour l'heure, l'aimable et grassouillet Capodimonte, Inspecteur de District. A ses côtés se trouvait Christopher Mondschein, l'Harmoniste. Mondschein et Capodimonte s'étaient rencontrés brièvement autrefois, à Santa Fe. A présent, l'Harmoniste offrait une image terrifiante. Son corps transformé était revêtu d'une combinaison atmosphérique à l'aspect cauchemardesque. Un indigène vénusien, encore plus étrange, semblait littéralement soudé à lui. Comme tous les Harmonistes invités, Mondschein arborait une expression grave et tendue.

— Nous sommes déjà parvenus à déterminer la composition de l'atmosphère de la crypte, dit le commentateur de la télévision. Il s'agit d'un mélange de gaz inertes, principalement d'argon. Lazarus est dans un bain nutritif. Les espers ont décelé des indices de vie dans son organisme. Les serrures ont été ouvertes hier en présence de la délégation harmoniste. A présent, les gaz inertes vont être pompés et les instruments hypersensibles des chirurgiens pourront entrer en contact avec l'homme qui dort et entamer ainsi le processus complexe qui rétablira le flux vital.

Vorst se mit à rire.

— N'est-ce pas ce qui va se passer? demanda Kirby.

— Plus ou moins. Mais l'homme qui se trouve là est plus vivant qu'il ne le sera jamais. Tout ce que nous avons à faire, c'est ouvrir la crypte et lui dire de sortir.

— Ce n'est pas très dramatique.

— Probablement, dit le Fondateur.

Il croisa les mains sur son ventre et sentit faiblement le pouls de ses veines artificielles. Le commentateur de la télévision continuait de débiter des torrents de prose descriptive. L'ensemble arachnéen des appareils qui entouraient la crypte venait de se mettre en mouvement.

Bras et palpeurs se déplaçaient comme les membres de multiples corps assemblés.

Vorst ne quittait pas des yeux le visage crispé de Christopher Mondschein.

Il n'avait jamais pensé que Mondschein pourrait revenir un jour à Santa Fe. Un être admirable, songea-t-il. Il avait triomphé de l'adversité avec brio, si l'on considérait la façon dont il avait été mystifié, quarante années auparavant, pratiquement kidnappé par les Harmonistes, devenu un espion à leur solde.

– La crypte est ouverte, dit Kirby.

– Je vois. Regardez, à présent : la momie va se lever et marcher.

– Vous êtes bien désinvolte, Noël.

– Mmm, fit le Fondateur.

Pendant un instant, un mince sourire effleura ses lèvres. Il rectifia rapidement l'écoulement de son flux hormonal. Sur l'écran, la crypte était presque totalement masquée par les instruments qui venaient de se braquer sur le dormeur.

Et soudain, Lazarus bougea! Le martyr ressuscitait!

– Voici venu le moment de faire mon entrée, murmura Vorst.

Tout était prêt. Un tunnel lumineux le transporta rapidement jusque dans la salle. Kirby ne le suivit pas. La chaise du Fondateur roula solennellement vers David Lazarus qui se redressait, après un sommeil de soixante années. Il tendit une main tremblante et, d'une voix enrouée, il s'efforça de parler.

– V-V-Vorst! balbutia-t-il.

Le Fondateur eut un sourire et leva un bras décharné en un geste de bienvenue et de bénédiction.

Quelque part, une main abaissa un contact et le Feu Bleu jaillit sur les parois de la salle, ajoutant l'ultime touche théâtrale.

Christopher Mondschein, le visage tendu sous son masque respiratoire, serra les poings à l'instant où le feu l'enveloppait.

– Et voici la lumière! psalmodia Vorst. Autour de nous et par-delà notre vision. Louée soit-elle!

» Et voici la chaleur, devant laquelle nous sommes humbles.

» Et voici l'énergie, par laquelle nous sommes bénis...

» Sois le bienvenu dans cette vie, David Lazarus. Par la puissance du spectre, le quantum et le saint angström, paix! Et que soient pardonnés ceux qui te firent du mal!

Lazarus se leva. Il tendit les mains et agrippa le rebord de la crypte. Des émotions indéfinissables jouaient sur son visage. Il murmura :

– J'ai... j'ai... dormi.

– Pendant soixante années, David. Et ceux qui me repoussèrent pour te suivre sont devenus puissants. Les vois-tu? Vois-tu ces robes vertes? Vénus est à toi. Ton armée est forte. Va vers eux, David. Prodigue-leur tes conseils. Je te rends à eux. Tu es mon cadeau. *Et celui qui était mort ressuscita... Et il fut libre d'aller son chemin.*

Lazarus ne répondit rien.

Mondschein restait immobile, fasciné, lourdement appuyé sur le Vénusien.

Kirby observait la scène sur l'écran. Pendant un bref instant, il ressentit une émotion qui triompha de son scepticisme. Le bavardage du commentateur de la télévision lui-même avait été interrompu par la vision du miracle.

Et la clarté du Feu Bleu enveloppait tous les témoins de la scène, de plus en plus lumineuse, de plus en plus flamboyante, pareille aux flammes du crépuscule sur le Walhalla.

Et, au centre parfait, se tenait Noël Vorst, le Fondateur, le Premier Immortel, serein et merveilleux, le corps dressé dans la brume lumineuse, les yeux brillants, les mains tendues vers l'homme ressuscité d'entre les morts. Il ne manquait qu'un chœur de dix mille voix chantant l'Hymne des Longueurs d'Ondes accompagné par le péan fervent d'un orgue cosmique.

★

Et Lazarus vécut, et il marcha parmi son peuple et lui parla.

Et Lazarus était très surpris.

Il avait dormi. Pour un instant, le temps d'un battement de cils. Et maintenant de sinistres personnages à la peau bleue l'entouraient, des Vénusiens aux masques démoniaques qui saluaient en lui leur prophète.

Et, par-dessus tout, se dressait la métropole de Vorst dont les bâtiments scintillants témoignaient de la puissance véritable de la Fraternité de la Radiation Immanente.

Le gros Vénusien – Mondschein? Etait-ce bien ainsi qu'il se nommait? – posa un livre dans les mains de Lazarus.

– Le *Livre de Lazarus*, dit-il. La somme de toute votre existence et de toute votre œuvre.

– Et de ma mort?

– Oui, et de votre mort.

– Vous allez avoir besoin d'une nouvelle édition, maintenant, commenta Lazarus.

Il sourit, mais il était infiniment solitaire dans sa joie. Pourtant, il se sentait fort. Comment était-il possible que ses muscles ne se fussent pas affaiblis durant son long sommeil? Comment avait-il pu se dresser à nouveau pour revenir parmi les hommes? Comment se faisait-il que ses cordes vocales lui obéissent et que son corps soutienne l'effort que représentait l'existence?

Il était seul avec ses fidèles. Dans quelques jours, ils le conduiraient sur Vénus où il devrait vivre dans une atmosphère différente. Vorst lui avait proposé de le transformer mais Lazarus, ahuri que de telles choses fussent possibles, n'était pas convaincu de vouloir devenir une créature à branchies. Il avait besoin de réfléchir. Le monde auquel il était revenu était si différent de celui qu'il avait quitté...

Soixante années étranges s'étaient écoulées. Désormais, la planète tout entière appartenait à Vorst, semblait-il.

Cela correspondait à ses ambitions des années 80, à l'époque où Lazarus était entré en désaccord avec lui.

Lazarus avait rejoint le mouvement dès les premiers temps, alors qu'il était dans sa phase scientifico-religieuse, mêlant les réacteurs au cobalt 60 et les litanies du spectre et de l'électron, avec beaucoup de spiritualisme par-dessus mais, à la base, un credo nettement matérialiste dont le slogan principal reposait sur la promesse d'une vie plus longue, voire éternelle.

Lazarus avait marché.

Mais, très rapidement, Vorst avait pris conscience de sa puissance et il avait commencé à placer ses fidèles dans les parlements, les banques, les administrations, les hôpitaux, les compagnies d'assurances...

Lazarus avait clamé sa désapprobation. En ce temps-là, Vorst était accessible et Lazarus se souvenait de leurs longues discussions à propos de détournements financiers et de noires opérations politiques.

– Le plan l'exige, disait Vorst.

– Mais nous nous écartons de nos principes religieux.

– Cela nous permettra d'atteindre notre but.

Mais Lazarus n'était pas d'accord. Patiemment, il avait rassemblé quelques partisans et établi une faction d'opposition qui, malgré tout, gardait encore une fidélité de principe à Vorst.

Ce qu'il avait appris auprès de Vorst avait permis à Lazarus de se bâtir une loi.

Il proclama le règne de l'Harmonie Eternelle et vêtit ses fidèles de robes vertes. Il leur procura des symboles, des prières, une liturgie. Il devait admettre cependant que son mouvement n'était guère puissant comparé à la gigantesque machine de Vorst. Mais c'était au moins une hérésie importante qui attirait chaque mois des centaines de nouveaux fidèles. Lazarus visait également des objectifs missionnaires, n'ignorant pas qu'il avait plus de chances de s'implanter solidement sur Vénus que Vorst sur la Terre.

Et, un jour de l'an 2090, les hommes en robes bleues étaient venus et l'avaient enlevé. Ils avaient trompé la vigilance de sa garde esper et l'avaient ficelé comme un vulgaire colis. Après cela, il n'avait plus aucun souvenir jusqu'au moment de son réveil, à Santa Fe.

On lui dit qu'il était en 2152 et que Vénus était maintenant aux mains de ses fidèles.

– Vous laisserez-vous transformer? lui demanda Mondschein.

– Je n'en suis pas encore sûr. Je réfléchis.

– Il sera difficile pour vous de vivre sur Vénus si vous n'êtes pas adapté.

– Peut-être pourrais-je rester sur Terre? suggéra Lazarus.

– Impossible. Vous ne disposez d'aucun pouvoir, ici. Et la générosité de Vorst ne s'étendra pas jusque là. Il ne vous permettra pas de demeurer sur cette planète après l'émotion soulevée par votre résurrection.

– Vous avez sans doute raison, soupira Lazarus. Je vais me laisser transformer. Et j'irai avec vous sur Vénus pour voir ce que vous avez accompli là-bas.

– Vous aurez une agréable surprise, lui promit Mondschein.

Lazarus estimait que, dans sa première incarnation, il avait été déjà plus qu'agréablement surpris par sa résurrection.

Ils le laissèrent et il se mit alors à étudier les écritures de l'hérésie, fasciné par le rôle de martyr qui lui avait été dévolu.

L'histoire des Harmonistes lui enseigna sa propre valeur. Alors que l'émotion religieuse de la Fraternité se cristallisait sur le personnage distant de Vorst, les Harmonistes ne pouvaient qu'adorer leur martyr.

Mon retour doit les mettre dans une position gênante, se dit-il.

Pendant son séjour à l'hôpital de la Fraternité, Vorst ne lui rendit pas la moindre visite. Lazarus, cependant, fit la connaissance d'un homme nommé Kirby, un personnage sans âge qui se présenta comme le Coordinateur de l'Hémisphère et le plus proche collaborateur de Vorst.

– Je suis entré dans la Fraternité avant votre disparition, lui dit Kirby. Avez-vous jamais entendu parler de moi?

– Non, je ne le pense pas.

– Je n'étais encore qu'un sous-ordre. Je suppose qu'il n'y avait aucune raison pour que vous entendiez parler de moi. Mais j'espérais que vos souvenirs seraient plus clairs, pour cette rencontre... Toutes ces années sont derrière moi, alors que vous pouvez regarder votre passé comme une page blanche.

– Mes souvenirs sont très clairs, dit calmement Lazarus, et je ne vous connais pas.

– Et moi non plus. C'est bien là le plus étrange... Si vous étiez si important au sein du mouvement, comment se fait-il que je n'aie pas entendu parler de vous, Lazarus ?

Le ressuscité haussa les épaules :

— Je pense que je peux expliquer cela. J'étais ici. Je travaillais avec Vorst et nous nous affrontions. Mais peu importe : le fait demeure que je l'ai quitté pour fonder l'Harmonie. Et puis... j'ai disparu. Et me voici de nouveau. Est-il donc si difficile de me croire ?

— Peut-être, dit Kirby. Mais j'aimerais tant me souvenir de vous.

Lazarus était étendu. Son regard errait sur les murs de mousse verte tandis que les instruments de monitoring qui réglaient son flux vital bourdonnaient et cliquetaient discrètement.

Une odeur âcre flottait dans l'air : celle de l'asepsie. L'image de Kirby était irréelle.

Lazarus se demanda une fraction de seconde quel extraordinaire assemblage de rivets et de pompes le maintenait en vie, derrière sa robe bleue.

— Vous comprenez bien que vous ne pouvez demeurer sur Terre, n'est-ce pas ? demanda Kirby.

— Certainement.

— La vie sur Vénus serait très difficile pour vous si vous n'étiez pas transformé. Ce sont nos propres praticiens qui se chargeront de l'opération. J'en ai parlé à Mondschein. Qu'en pensez-vous ?

— Oui, fit Lazarus. Transformez-moi.

Ils vinrent le lendemain soir faire de lui un Vénusien.

Le côté public de l'opération lui déplaisait mais, par ailleurs, il lui semblait difficile de pouvoir prétendre à quelque droit sur son existence.

On lui dit qu'il faudrait plusieurs semaines pour que la transformation fût complète.

Jadis, il aurait fallu plusieurs mois. Lorsque tout serait achevé, il se retrouverait pourvu de branchies qui lui permettraient de respirer l'atmosphère méphitique de Vénus.

Il se soumit aux praticiens. Docilement.

Ils l'écorchèrent et le découpèrent avant de le reconstituer. Finalement, il fut prêt à quitter la Terre.

Vorst vint alors lui rendre visite. Sa voix était toujours aussi douce et aussi autoritaire.

— Il te faut comprendre que je n'ai pas pris la moindre part à ton enlèvement, lui dit-il. Tout a été exécuté clandestinement, par des fanatiques.

— Bien entendu...

— J'apprécie la diversité d'opinion. Après tout, la vision que j'ai des choses n'est peut-être pas la bonne.

» Durant toutes ces années, j'ai souhaité pouvoir engager le dialogue avec Vénus. Lorsque tu seras installé là-bas, j'espère que tu accepteras de communiquer, de temps en temps.

— Je n'ai pas l'intention de fermer mon esprit, Vorst, dit Lazarus. Tu m'as rendu la vie. J'écouterai tes propos. Il n'y a aucune raison pour que nous ne puissions coopérer, aussi longtemps que nous conserverons ce respect mutuel de nos individus et de nos intérêts.

— C'est vrai! Après tout, nous avons le même objectif. Nous pourrions même unir nos forces...

— Avec prudence, dit Lazarus.

— Avec prudence, mais aussi avec sincérité.

Vorst s'éloigna en souriant.

Les chirurgiens achevèrent leur travail.

Lazarus, désormais étranger à la Terre, partit pour Vénus en compagnie de Mondschein et de la délégation harmoniste.

Ce fut un peu comme un retour triomphal au pays, si tant est que l'on puisse donner le nom de « pays » à un monde inconnu.

191

Il fut accueilli par des Frères en robe verte, à la peau bleutée. Lazarus découvrit les autels harmonistes et les icônes de l'ordre.

Les Harmonistes avaient porté le spirituel au delà de tout ce qu'il avait pu imaginer. Ils l'avaient élevé, lui, Lazarus, pour ainsi dire au rang d'un dieu. Mais il n'avait pas l'intention d'apporter la moindre rectification à ce culte.

Il savait à quel point sa position était précaire. Il existait des hommes puissants et inexpugnables, dans l'Harmonie. Dans leur for intérieur, ils ne devaient guère apprécier le retour du prophète. S'il menaçait leurs intérêts, ils pourraient bien envisager de lui infliger un second martyre.

Lazarus, en conséquence, se comporta avec prudence.

– Nous avons accompli de grands progrès avec les espers, lui apprit Mondschein. Nous sommes très en avance par rapport à Vorst, pour autant que nous le sachions.

– Disposez-vous de la télékinésie ?

– Depuis une vingtaine d'années. Nous la développons lentement. D'ici à la prochaine génération...

– J'aimerais assister à une démonstration.

– Nous en avons prévu une, dit Mondschein.

Ils lui montrèrent ce dont ils étaient capables.

Ils pouvaient prendre un bloc de bois et le réduire en molécules.

Jeter des arbres vers le ciel.

Se projeter eux-mêmes. D'un endroit à un autre.

Oui, c'était impressionnant, cela défiait la compréhension.

Et il était bien certain que la Fraternité, sur la Terre, était largement dépassée.

Les espers vénusiens firent ainsi la démonstration

de leurs pouvoirs pour Lazarus, des heures durant.

Mondschein, imperturbable, vigilant, attentif, rayonnait de satisfaction. Il parlait de nouveaux seuils, de lévitation, de puissance télékinétique, de points d'appui unitaires et autres sujets qui déconcertaient Lazarus tout en le rassérénant.

– Quand? demanda-t-il enfin, en levant la main vers le ciel où roulaient de lourds nuages gris.

– Nous ne sommes pas encore prêts pour la téléportation interstellaire, dit Mondschein. Ni même interplanétaire, quoique l'une ne soit sans doute pas plus difficile que l'autre. Nous y travaillons actuellement. Donnez-nous le temps et nous réussirons.

– Pouvons-nous y arriver sans l'aide de Vorst?

Mondschein parut choqué.

– Quelle sorte d'aide pourrions-nous attendre de lui? Je vous l'ai dit : nous avons une génération d'avance sur ses espers.

– Mais les espers suffisent-ils? Il pourrait peut-être nous apporter ce qui nous manque. Une conquête dans la coopération, Harmonistes et Vorsters réunis. Ne pensez-vous pas que cela vaille la peine d'être examiné, Christopher?

Mondschein s'efforça de sourire.

– Oui, oui, bien sûr. Certainement. C'est une idée qui mérite qu'on y réfléchisse, je le reconnais. Mais c'est là une approche nouvelle de nos problèmes. J'aimerais en discuter avec vous un peu plus tard, quand vous serez installé.

Lazarus acquiesça aimablement. Il n'avait pas été absent si longtemps qu'il ne pût discerner le sens caché des paroles de Mondschein.

Il savait que nul n'osait le contrarier.

★

A Santa Fe, l'insolite invasion des Harmonistes ayant pris fin, les choses étaient revenues à la normale.

Lazarus était ressuscité et libre, les gens de la télévision s'étaient retirés et le travail avait repris son cours : tests, expériences, sondage des mystères de la vie, de l'âme... La routine permanente des Vorsters.

– David Lazarus a-t-il réellement existé, Noël ? demanda Kirby.

Depuis son cocon de thermoplastique, Vorst leva les yeux sur lui.

A peine les chirurgiens en avaient-ils eu fini avec Lazarus qu'il leur avait fallu se remettre à la tâche : le Fondateur souffrait d'anévrisme dans un vaisseau qui avait déjà été reconstitué deux fois. Ils avaient pour l'heure réussi à circonscrire le danger : le vaisseau avait été dénudé et un réseau de fils polymères avait résorbé la redoutable excroissance. Pour Vorst, la chirurgie de pointe était familière.

– Vous avez vu Lazarus de vos propres yeux, Kirby, dit-il.

– J'ai effectivement vu un être sortir de cette crypte, se lever et s'exprimer raisonnablement. J'ai eu quelques conversations avec lui. Je l'ai observé tandis que l'on faisait de lui un Vénusien. Mais rien ne me prouve qu'il soit authentique. J'entends par là que vous auriez pu tout aussi bien construire votre David Lazarus, n'est-ce pas, Noël ?

– Oui, si je l'avais voulu. Mais pour quelle raison ?

– C'est évident. Pour vous assurer le contrôle des Harmonistes.

– Si j'avais eu quelque intention de cet ordre à

leur égard, j'aurais pu les coincer il y a cinquante ans, avant qu'ils n'investissent Vénus. Mais tout est parfait ainsi... Ce jeune homme... ce Mondschein... il s'est très bien sorti d'affaire.

– Il n'est pas jeune, Noël. Il a quatre-vingts ans.

– Un enfant!

– Me direz-vous, oui ou non, si Lazarus a bel et bien existé?

Une lueur de colère apparut dans le regard du Fondateur.

– Il a existé, Kirby, oui. Etes-vous satisfait, à présent?

– Qui l'a placé dans cette crypte?

– Ses propres fidèles, je suppose.

– Et ils auraient ensuite tout oublié?

– Ma foi, ce sont peut-être des hommes à moi qui ont fait cela. Sans mon assentiment... Sans même me le dire. Mais tout cela s'est passé il y a longtemps. (Les mains de Vorst esquissèrent quelques gestes vifs.) Comment pourrais-je me souvenir de tout? On l'a retrouvé. Nous l'avons rappelé à l'existence. Vous m'ennuyez, Kirby.

Kirby comprit à cet instant qu'il venait de s'avancer en terrain miné. Il avait été aussi loin avec Vorst qu'il pouvait se le permettre et une parole de plus risquait d'avoir des résultats désastreux. Kirby avait rencontré d'autres hommes qui s'étaient comme lui avancés un peu trop loin et qui, ensuite, avaient été éclipsés, les uns après les autres.

– Je suis navré, dit-il.

L'irritation de Vorst s'évanouit.

– Vous vous faites des idées, Kirby. Cessez donc de vous préoccuper du passé de Lazarus. Ne pensez donc qu'à l'avenir. Je l'ai rendu aux Harmonistes. Il leur sera utile, qu'ils le pensent ou non... Ils auront une dette envers moi. Je leur ai imposé une obligation, vous comprenez? Quand le moment sera venu, il faudra bien qu'ils s'en acquittent.

Kirby demeura silencieux.

Il sentait que, d'une certaine façon, Vorst avait fait pencher la balance des deux cultes, que les Harmonistes, qui n'avaient cessé de progresser depuis leur installation sur Vénus, étaient en difficulté. Mais il ignorait encore pourquoi. Et, pour l'instant, il ne tenait pas à le savoir.

Vorst se pencha sur le communicateur, puis releva la tête.

Il se tourna vers Kirby.

— Un autre esper « grillé », dit-il. Il faut que j'y aille. Voulez-vous m'accompagner?

— Bien sûr.

Ils parcoururent l'interminable labyrinthe de tubes avant d'arriver dans le pavillon des espers.

Celui qui agonisait, cette fois, était de sexe masculin, sans doute de race polynésienne.

Tout son corps tressautait comme si ses membres, pareils à ceux d'une marionnette, étaient reliés à des fils enchevêtrés.

— Quel dommage que vous n'ayez aucun pouvoir esper, déclara Vorst. Vous pourriez avoir un aperçu de demain...

— Je suis trop vieux pour le regretter, dit Kirby.

Vorst s'avança et fit un signe à un esper qui attendait. Celui-ci établit le lien.

Kirby observait la scène. Que cherchait donc Vorst, cette fois? Les lèvres du Fondateur tremblaient, elles esquissaient une sorte de rictus à chaque convulsion de l'esper.

Le garçon dérivait sur le cours du Temps. Du moins, c'était ce que l'on disait. Mais, pour Kirby, cela ne voulait rien dire.

Vorst, en tout cas, dérivait avec lui et il avait ainsi

une vision brève et brumeuse de l'autre côté du Temps.

Il allait du présent à l'avenir...

Ici... Demain... Ici... Demain.

Un bref instant, Kirby eut le sentiment d'avoir, lui aussi, établi un lien avec l'esper.

Il descendait le cours du Temps. Là, n'était-ce pas le chaos du passé?

Et là... N'était-ce pas l'avenir doré, flamboyant?

Présent... Passé...

Allez au diable, vieux renard! Qu'est-ce que vous m'avez encore fait?

Et Lazarus... Lazarus qui se dressait au-dessus de tout, Lazarus à peine réel, Lazarus qui n'était qu'une espèce d'androïde fabriqué dans quelque laboratoire souterrain de Vorst. Une marionnette très utile, songeait Kirby.

Lazarus avait agrippé demain et l'attirait à lui...

Le contact fut rompu. L'esper était mort.

– Nous en avons encore perdu un, murmura Vorst. (Puis, il regarda Kirby :) Vous vous sentez mal?

– Non. Ce n'est que la fatigue.

– Reposez-vous un peu. Prenez de la lecture et mettez-vous en chambre de relaxation. Nous pouvons nous détendre, à présent. Lazarus n'est plus entre nos mains.

Kirby acquiesça.

Quelqu'un rabattit le drap sur le visage de l'esper.

Avant une heure, les neurones du jeune garçon seraient en réfrigération, quelque part dans un bâtiment voisin.

Lentement, comme si le poids de huit siècles et non d'un seul était sur ses épaules, Kirby suivit Vorst.

La nuit était venue et les étoiles brillaient d'un

éclat dur dans le ciel du Nouveau-Mexique. Vénus était la plus vive, très bas sur l'horizon.

Ils avaient retrouvé leur prophète, là-bas. Ils avaient perdu un martyr, mais Lazarus leur était revenu.

Kirby commençait seulement à comprendre que l'hérésie tout entière était désormais aux mains de Vorst.

Que le diable l'emporte!

Il poursuivit son chemin tandis que Vorst se dirigeait vers son bureau. Il avait mal à la tête, après le contact profond avec l'esper. Pourtant, après dix minutes, il commença à se sentir mieux.

Il songea à se rendre à la chapelle pour prier. Mais pourquoi? Pourquoi s'agenouiller devant le Feu Bleu? Tout ce qu'il désirait, c'était la bénédiction de Vorst. Vorst, qui pouvait encore faire de lui un enfant, Vorst qui avait ressuscité Lazarus d'entre les morts.

2164

LE CIEL OUVERT

Sous la pâle lumière mauve, l'amphithéâtre chirurgical était comme un immense fer à cheval, brillant, glacé. A l'extrémité nord, les baies du second niveau laissaient filtrer les rayons du soleil du Nouveau-Mexique. De la place qu'il avait choisie, Noël Vorst pouvait observer la table d'opération et, en tournant la tête, il discernait les silhouettes bleues des montagnes, entre les bâtiments du Centre. Les montagnes ne l'intéressaient pas plus que l'opération en cours. Mais il s'efforçait de ne pas trop laisser voir son indifférence.

En vérité, il n'était pas impératif qu'il assistât en personne à l'opération. Il savait d'ores et déjà qu'une issue positive était improbable. Comme tous ceux qui étaient ici. Mais il venait d'atteindre l'âge de cent quarante-quatre ans, et considérait qu'il était utile de se montrer en public aussi souvent que ses forces le lui permettaient. Mieux valait qu'on ne le considère pas trop vite comme un vieillard sénile.

Autour de la table, en cet instant, les chirurgiens étaient penchés sur un cerveau à nu. Vorst les avait vus découper la calotte crânienne et plonger leurs scalpels lasers dans la masse grise de la matière cérébrale. Il y avait quelque dix milliards de neurones dans cet amas de tissus ainsi qu'une infinité de récepteurs dendritiques et de synapses. Les chirurgiens espéraient pouvoir intervenir dans le réseau synaptique et altérer le commutateur protéinique afin de rendre le patient plus adapté au plan de Vorst.

Stupide, songea le vieil homme. Mais il ne laissait rien paraître de son pessimisme. Il restait assis, immobile, impassible, écoutant la pulsation du sang dans ses artères artificielles.

Certes, ce que ces hommes accomplissaient, là en bas, était absolument remarquable. Ils comptaient parmi les meilleurs spécialistes en microchirurgie de la Fondation Noël Vorst pour les Sciences Biologiques. Ils s'attaquaient en ce moment aux structures des protéines d'un cerveau humain. Ils déformaient imperceptiblement certains circuits, modifiaient l'architecture transsynaptique pour forger des liaisons plus solides entre les membranes pré et postsynaptiques. Ils reliaient certaines entrées synaptiques à de nouveaux arbres de dendrites. En fait, ils reprogrammaient le cerveau, ils le conditionnaient pour le mettre au service de Vorst.

Et Vorst voulait que ce cerveau devienne la force capable de propulser le premier groupe d'explorateurs en direction d'un autre système stellaire, à des années-lumière de distance. C'était là un projet hors du commun. Depuis un demi-siècle, les chirurgiens du Centre de Santa Fe y travaillaient sans cesse. Ils avaient commencé avec des cerveaux de singes, de chats, de dauphins. Puis ils étaient passés au cerveau humain. Le sujet qui était sur la table était un esper de degré moyen, un précognitif au champ temporel très limité. On prévoyait qu'il « grillerait » avant six mois. Il ne l'ignorait pas et c'est pour cela qu'il s'était porté volontaire. Il avait confié son cerveau aux plus habiles chirurgiens de la planète.

Aux yeux de Vorst, le programme n'avait que deux défauts.

D'abord, il n'avait que peu de chances d'aboutir et, surtout, il n'était sans doute pas nécessaire.

Bien sûr, il était impossible de dire à tous ces hommes tellement dévoués que l'œuvre de leur vie n'avait pas la moindre raison d'être. Et puis, il subsistait un mince espoir pour qu'ils parviennent vraiment à créer un propulseur vivant, un télékinésiste artificiel.

Pour cette raison, Vorst avait tenu à être présent pour l'opération. Et tous ceux qui se trouvaient en ce moment dans l'amphithéâtre percevaient l'aura du Fondateur. Nul n'avait encore levé les yeux vers la galerie où il se trouvait. Il leur suffisait de savoir que le vieil homme les observait et souriait dans toute sa bonté, bien installé dans le siège de mousse qui soustrayait son organisme usé à la pesanteur terrestre.

Le cristallin de ses yeux était synthétique. Ses intestins avaient été remplacés par des tubes de polymère. Son cœur vigoureux provenait d'une banque d'organes. Hormis le cerveau, il ne restait rien du Noël Vorst d'origine. Et ce cerveau était lui-même défendu en permanence contre une possible attaque par des anticoagulants.

– Vous sentez-vous bien, monsieur? demanda le jeune acolyte au visage blafard qui se tenait à ses côtés.

– Parfaitement bien. Et vous?

L'acolyte se permit un sourire. Il avait à peine vingt ans et il était empli de fierté de se trouver ainsi près du Fondateur, aujourd'hui.

Vorst aimait avoir des jeunes auprès de lui. Bien sûr, ils étaient terriblement impressionnés en sa présence, mais ils parvenaient à se montrer attentifs et respectueux sans se comporter comme s'il était un saint vivant. Et l'organisme de Vorst avait bénéficié des contributions de nombreux jeunes volontaires. Un fragment de tissu pulmonaire, une rétine, les reins de deux jumeaux. Vorst était un homme-patchwork qui portait en lui la chair de sa religion.

Les chirurgiens étaient toujours penchés sur le cerveau ouvert. Vorst ne pouvait voir ce qu'ils faisaient. Une sonde optique, à l'intérieur d'un des instruments, retransmettait une vue en gros plan sur un écran installé au-dessus de la galerie. Mais l'image n'apprenait pas grand-chose au Fondateur. Il était déçu de tout cela, il s'ennuyait mais parvenait à conserver une expression d'intérêt.

Il appuya tranquillement sur le contact du communicateur de son fauteuil et demanda :

– Le Coordinateur Kirby est-il annoncé?

– Il est actuellement en communication avec Vénus, monsieur.

– A qui parle-t-il? Lazarus ou Mondschein?

– A Mondschein, monsieur. Je vais lui dire de vous rejoindre dès qu'il aura terminé.

Vorst sourit en silence. Le protocole voulait que les négociations à un niveau aussi élevé fussent conduites à l'échelon administratif, entre les adjoints, et non de prophète à prophète. Reynolds Kirby, Coordinateur de l'Hémisphère, parlait donc au nom des Vorsters de la Terre, et Christopher Mondschein pour les Harmonistes de Vénus. Mais, le temps venu, il faudrait bien que se rencontrent ceux qui étaient en accord permanent avec l'Unité Eternelle. Ce serait au tour de Vorst et de Lazarus de conclure les négociations.

... Pour sceller l'accord...

La main droite de Vorst fut saisie d'un tremblement incoercible et se crispa comme une serre. Le jeune acolyte intervint aussitôt, prêt à activer les contacts qui maintiendraient l'équilibre métabolique du Fondateur.

Vorst luttait pour détendre ses phalanges.

— Ça va, dit-il après un instant.

... *Pour ouvrir le ciel...*

Ils étaient tellement près du but, maintenant, que tout commençait à ressembler à un rêve. Un siècle de manœuvres, une partie d'échecs avec des adversaires qui n'étaient pas encore nés, un siècle passé à ériger le fantastique édifice d'une théocratie sur un banal et arrogant espoir...

Etait-ce donc de la folie, se demandait Vorst, que de vouloir façonner l'Histoire?

Etait-ce monstrueux de réussir?

Sur la table d'opération, une jambe du patient jaillit brutalement d'une mer de bandelettes et se détendit convulsivement dans le vide. Dans la même seconde, l'anesthésiste pianota follement sur sa console et l'esper, qui était jusqu'alors demeuré immobile, entra silencieusement en action. L'activité s'intensifia autour de la table.

Au même instant, un personnage de haute taille, aux traits burinés, s'avança sur la galerie et s'arrêta devant Noël Vorst.

— Comment se déroule l'opération? demanda Reynolds Kirby.

— Le patient vient juste de mourir, dit Vorst. Et les choses vont tout aussi bien.

★

Kirby n'avait guère placé d'espoir dans cette opération.

La veille, il en avait longuement discuté avec Vorst. Le Coordinateur n'était pas un homme de science mais il avait le souci de se tenir au courant de ce qui se passait dans le Centre de recherches.

Sa sphère de responsabilités était purement administrative. Il lui appartenait de contrôler les multiples activités séculières d'un ordre religieux qui, virtuellement, dominait le monde.

Depuis sa conversion, quatre-vingt-dix ans auparavant, Kirby avait assisté à l'irrésistible montée du mouvement vorster. Mais le pouvoir politique, s'il rendait les choses plus faciles, n'était pas le but suprême de la Fraternité. Dans son essence, ce but était d'ordre scientifique, et les recherches poursuivies à Santa Fe en étaient le pivot.

Durant les dernières décennies, une véritable usine à miracles s'était édifiée sur le trésor énorme que représentait la dîme de milliards de Vorsters de tous les continents de la Terre.

Et elle avait bel et bien produit des miracles.

Le processus de régénération garantissait désormais à tous une durée de vie de trois ou quatre siècles, et peut-être plus si l'on considérait que l'immortalité, pour être prouvée, avait besoin de plusieurs millénaires.

Mais, d'ores et déjà, la Fraternité proposait une forme de vie éternelle acceptable. Et cette rédemption, à elle seule, honorait largement la promesse faite un siècle plus tôt.

Les étoiles représentaient le deuxième but du mouvement. Et ce but était encore bien trop éloigné.

L'humanité était prisonnière de son système solaire originel. La clé de cette prison était la vitesse de la lumière. Les vaisseaux à propulsion chimique et même ionique étaient encore trop lents. Mars et Vénus avaient été facilement colonisées, mais ce n'était pas le cas des sinistres planètes géantes. Quant aux étoiles les plus proches, elles étaient à plusieurs dizaines d'années de voyage aller-retour, neuf ans pour la plus voisine, en misant sur la technologie de pointe.

L'humanité avait donc choisi de transformer Mars en un monde habitable, puis de transformer l'homme afin qu'il puisse survivre sur Vénus.

On avait exploité les lunes de Jupiter et de Saturne, et lancé quelques sondes vers Mercure et les mondes gazeux de l'extérieur.

Sans jamais cesser de contempler avec envie les étoiles.

Si les lois de la relativité généralisée gouvernaient les mouvements des corps matériels dans l'espace, elles ne s'appliquaient pas nécessairement aux phénomènes de l'univers paranormal.

Pour Noël Vorst, les pouvoirs extra-sensoriels représentaient l'ultime recours de l'homme. Il avait donc regroupé à Santa Fe des espers de toutes catégories et mis sur pied un programme de sélection et de manipulation génétiques.

La Fraternité était parvenue à produire des variétés intéressantes d'espers, mais aucune qui eût le don de propulser les corps physiques à travers l'espace.

Sur Vénus, en revanche, la mutation télékinétique était apparue spontanément, comme une conséquence ironique de l'adaptation de l'homme à un monde étranger.

Mais Vénus échappait au contrôle direct de Vorst. Ses Harmonistes avaient les pousseurs dont il avait besoin, mais ils ne se montraient guère enthousiastes à l'idée de coopérer avec les Vorsters pour une expédition galactique.

Ainsi, depuis de longues semaines, Reynolds Kirby négociait-il avec son homologue vénusien afin de parvenir à un accord.

Pendant ce temps, pourtant, les chirurgiens de Santa Fe n'avaient pas abandonné leur rêve. S'ils parvenaient à créer un pousseur psychique humain, la Fraternité n'aurait plus à mendier l'aide des Harmonistes aux caprices imprévisibles. Le projet de modification synaptique était maintenant à son stade ultime. Un humain avait été livré aux lasers.

— Jamais cela ne réussira, avait déclaré Vorst à Kirby. Ils sont encore à un demi-siècle de la réussite, au moins.

— Je ne comprends pas, Noël. Les Vénusiens ont bel et bien le gène de la télékinésie, non? Pourquoi n'en établissons-nous pas un duplicata? Si nous considérons ce que nous avons réussi avec les acides nucléiques, nous...

En souriant, Vorst l'avait arrêté.

— Vous devriez savoir qu'il n'existe pas de « gène » de la télékinésie, Reynolds. Si ce n'est au sein d'une certaine constellation de configurations génétiques. Nous avons sans arrêt tenté de le reproduire ces trente dernières années, et nous n'avons pas fait un pas en avant. Nous avons aussi joué le hasard, puisqu'il semble avoir réussi aux Vénusiens. Sans plus de succès. Et nous voilà maintenant sur les synapses, en train d'altérer le cerveau plutôt que les gènes. Evidemment, cela pourrait nous mener à quelque chose. Mais je ne veux pas attendre encore cinquante ans.

— Vous vivrez bien assez longtemps pour ça, vous le savez.

— Oui, admit Vorst, mais je ne veux vraiment pas attendre. Les Vénusiens disposent des hommes dont nous avons besoin. Il est temps de les gagner à notre cause.

Patiemment, Kirby avait fait la cour aux hérétiques. Quelques signes d'évolution étaient apparus dans les négociations, récemment. Cette dernière opération allait être un échec et un accord avec Vénus était plus que jamais nécessaire.

– Venez avec moi, dit enfin Vorst, tandis que l'on emmenait le mort. Aujourd'hui, ils essaiant cette gargouille et je veux voir ça.

Kirby suivit le Fondateur hors de l'amphithéâtre.

Des acolytes les suivaient à distance raisonnable. Ils étaient là simplement en cas de danger. Depuis quelque temps, Vorst ne sortait plus guère, si ce n'est dans son siège-berceau de mousse. Kirby, quant à lui, préférait la marche, encore qu'il fût contemporain du Fondateur. Les deux personnages, lorsqu'ils se promenaient ensemble sur les places du Centre, attiraient la foule.

– Vous ne vous faites pas de souci pour cet échec, j'espère? demanda Kirby.

– Pourquoi donc? Je vous ai dit qu'il était encore trop tôt pour espérer un succès.

– Et cette gargouille? Que pouvons-nous en attendre?

– Notre espoir, c'est Vénus, dit tranquillement Vorst. C'est de Vénus que nous pouvons attendre quelque chose. Ils ont déjà des pousseurs...

– Alors pourquoi chercher à en obtenir ici?

– Simple question de vitesse acquise. La Fraternité n'a pas ralenti depuis un siècle. Désormais, je ne ferme plus aucune voie d'accès, pas même la plus hasardeuse. Vitesse acquise, c'est cela...

Kirby eut un haussement d'épaules.

En dépit du pouvoir dont il jouissait au sein de l'organisation – un pouvoir immense –, il n'avait jamais eu l'impression de disposer réellement de la moindre initiative.

Tout comme aux premiers temps, c'était Vorst qui dressait des plans. Il était le seul à connaître véritablement le jeu. Qu'adviendrait-il s'il mourait cet après-midi, laissant le jeu inachevé?

Quel effet cela aurait-il sur le mouvement? Continuerait-il selon cette fameuse vitesse acquise? Et vers quel but? se demanda Kirby.

Ils pénétrèrent dans un petit bâtiment trapu et scintillant, construit en cristomousse verte irradiée.

Une vague de murmures les précédait. Vorst arrivait! De toutes parts, des robes bleues accouraient, se rassemblaient pour venir au-devant du Fondateur et lui faire escorte jusqu'à la salle où se trouvait la gargouille.

Kirby suivait, ignorant les acolytes qui se pressaient autour de lui, se maintenait à la hauteur de Vorst afin de le soutenir en cas de défaillance.

La gargouille était assise, maintenue par un carcan de bandelettes. Ce n'était pas un spectacle plaisant. L'adolescent devait avoir treize ans environ. Il était haut de moins d'un mètre, affreusement déformé, sourd, avec des yeux à la cornée opaque. Ses membres étaient anormalement petits et sa peau était granuleuse et grêlée.

C'était un mutant dont nul laboratoire ne pouvait revendiquer la paternité. Un effet direct du syndrome de Hurler, une malformation métabolique très naturelle et congénitale qui avait été décelée pour la première fois deux cent cinquante années auparavant.

Dans le cas présent, les malheureux parents avaient confié le monstre à la chapelle de Stockholm, dans l'espoir que le rayonnement du Feu Bleu pourrait guérir ses tares.

Les tares n'avaient pas disparu, mais un esper de la chapelle avait détecté certains pouvoirs latents chez cette gargouille. L'être allait maintenant passer une série de tests et d'examens.

Kirby réprima non sans peine un frisson de dégoût.

— Qu'est-ce qui peut bien provoquer cela? demanda-t-il au docteur qui se tenait près de lui.

— Une malformation génétique. Cela engendre une erreur métabolique qui provoque une accumulation de mucopolysaccharides dans les tissus.

Kirby eut un hochement de tête solennel.

— Et il y aurait un lien direct avec les pouvoirs espers?

— Seulement accidentel.

Vorst s'était avancé afin d'examiner de près la gargouille. Comme il se penchait sur la créature, Kirby vit frémir ses paupières.

La créature se tenait recroquevillée, comme tétanisée, dans l'incapacité de bouger un membre. Dans ses yeux glauques, on ne lisait que le désarroi le plus absolu.

Bon pour l'euthanasie, et vite! songea Kirby. Et dire que Vorst espérait que de tels monstres lui ouvriraient un jour la route des étoiles!

— Commencez les tests, marmonna le Fondateur.

Deux espers s'avancèrent. Ils étaient du type fonctionnel ordinaire. Une jeune femme mince aux cheveux crépus et un petit homme replet à l'expression morose.

Kirby observait la scène en silence. Ses facultés espers étaient pratiquement nulles. Que faisaient exactement ces deux êtres? Quels invisibles aiguillons utilisaient-ils pour harceler la gargouille amorphe?

Il l'ignorait, et l'idée que Vorst l'ignorait sans doute, lui aussi, le rassurait. Il était bien connu que le Fondateur n'avait aucun don d'esper.

Dix minutes s'écoulèrent. Enfin, la fille releva la tête et annonça:

— Pyrotique mineur.

– Il peut agir sur les molécules, dit Vorst. Donc, il est un peu télékinésiste.

– Un peu seulement, dit l'homme. Rien de très nouveau. Il possède certains pouvoirs de communication au stade primaire. En cet instant même, par exemple, il nous demande de le tuer.

– Pour ma part, je recommande la dissection, intervint la fille esper. Le sujet n'y voit aucun inconvénient.

Kirby haussa les épaules. Ces deux aimables espers venaient de pénétrer dans l'esprit de cette pauvre créature infirme, ce qui était assez pour leur « griller » le cerveau. Durant un instant de pure empathie, ils avaient eu les émotions, les sentiments de cette gargouille de treize ans! Ils avaient vu le monde avec ses yeux presque aveugles!

Mais ces deux-là étaient des professionnels. Ils avaient déjà pénétré dans de tels cerveaux. Cette plongée leur était familière.

Vorst leva la main.

– Qu'on le garde pour d'autres examens. Il nous sera certainement utile. S'il est vraiment pyrotique, prenez les dispositions d'usage.

Le Fondateur fit pivoter son siège et se dirigea vers la sortie. Un acolyte surgit alors, brandissant un message. Il se figea sur place, redoutant une collision avec le maître. Mais Vorst dévia légèrement sa course avec un sourire rassurant et s'arrêta à sa hauteur.

– Un message pour vous, Coordinateur Kirby, annonça l'acolyte, visiblement soulagé.

Kirby pressa le pouce contre le sceau et l'enveloppe s'ouvrit.

Le message était de Mondschein.

Il disait : LAZARUS EST PRÊT À PARLER À VORST.

★

— J'étais fou, comprenez-vous. Cela a duré dix années. Plus tard, j'ai compris quelle était la nature de ma maladie. Je souffrais de dérive temporelle.

La fille esper au teint diaphane le regardait avec des yeux ronds. Ils étaient seuls, tous les deux, dans les appartements personnels du Fondateur. La fille était mince, dégingandée. Elle n'avait que trente ans. Des mèches brunes et raides encadraient son visage, pareilles à des épis de paille teintée. Elle se prénommait Delphine. Depuis des mois qu'elle servait Vorst dans ses moindres désirs, elle n'avait pu s'habituer à sa franchise brutale. Elle avait peu de chances d'y réussir un jour : dès qu'elle quittait l'appartement, chaque soir, d'autres espers effaçaient ses souvenirs.

— Faut-il que je me branche, maintenant ?
— Pas encore, Delphine. Dis-moi : est-ce qu'il t'est déjà arrivé de te croire folle ? Dans les moments les plus difficiles, quand tu commences à osciller sur la ligne temporelle et que tu as le sentiment que jamais plus tu ne pourras revenir en arrière ?
— Quelquefois, oui, j'ai peur...
— Mais tu reviens. C'est bien cela le miracle. Sais-tu combien de dériveurs j'ai vu « griller » ? Des centaines, Delphine. Cela aurait pu aussi bien m'arriver, mais j'étais un précog' plutôt médiocre. Autrefois, pourtant, je dérivais toujours, n'importe quand. Je partais dans le temps, comme ça, je me laissais glisser à travers les âges... Et j'ai découvert la Fraternité. Elle s'étendait devant moi, loin dans le futur. Appelons ça une vision, ou un rêve... Mais j'ai bel et bien vu tout cela. Comme une grande image dont les bords étaient flous.
— Telle que vous l'avez décrite dans vos livres ?

— Plus ou moins. J'ai eu la plupart de mes visions entre 2055 et 2063. Elles ont commencé quand j'avais trente-cinq ans. Je n'étais rien, alors. Un simple technicien. Et c'est arrivé comme ça. J'ai eu ce que certains appellent une inspiration divine. Mais, en vérité, j'avais entrevu mon avenir. Et j'ai cru devenir fou. Ce n'est que plus tard que j'ai vraiment compris.

L'esper demeurait silencieuse.

Vorst ferma les yeux.

Les souvenirs flamboyèrent au centre de son esprit.

Après des années de chaos intérieur et d'effondrement, il était revenu de la crucifixion de la folie, purifié et conscient de sa destinée.

Il savait de quelle manière il devait remodeler le monde.

Plus encore, il savait comment il *avait* remodelé le monde.

Ensuite, il avait suffi de tout commencer, de fonder les premières chapelles, de créer les rites du culte et de s'entourer des talents scientifiques qui étaient à même de réaliser ses objectifs.

N'y avait-il pas un rien de paranoïa dans tout cela? Un zest d'Hitler, un trait de Napoléon, un reflet des ambitions de Gengis Khân?

Peut-être.

Ce n'était pas sans une certaine satisfaction que Vorst se considérait comme un fanatique et même comme un mégalomane. Mais un mégalomane de l'espèce la plus froide, la plus rationaliste. Celle qui était vouée au succès.

Il avait une fois pour toutes pris la décision de ne jamais s'arrêter avant d'atteindre ses objectifs et il était suffisamment précognitif pour savoir s'il allait atteindre lesdits objectifs.

— Transformer le monde, dit-il, c'est une responsabilité importante. Rien que pour y songer, il faut être un peu fou. Quant à y parvenir... Mais il suffit de rêver au résultat pour retrouver des forces. On se sent moins stupide lorsque l'on sait que l'on ne fait qu'aider à la réalisation de l'inévitable.

– Toute une vie de combat, dit enfin l'esper.

– Ah, Delphine! Tu viens de toucher le point sensible! Mais tu avais d'ores et déjà compris. Tu sais donc qu'il est bien vain d'écrire ce scénario dont tu connais déjà la fin. La seule consolation que je puisse y trouver, c'est l'incertitude qui environne les petits événements. En ce qui me concerne, ma vision n'est ni très étendue ni très précise. Je dois m'accrocher à des dériveurs. Comme toi. Mais les visions que j'ai demeurent floues. Pourtant, toi, tu recueilles des images claires, n'est-ce pas, Delphine? Tu as suivi ta propre ligne. Est-ce que tu t'es vue « brûler », Delphine? Dis-moi...

Les joues de la jeune esper s'enflammèrent. Elle regarda le sol sans répondre.

– Je suis désolé, dit Vorst. Je n'avais aucunement le droit de te demander cela. Oublions ma question... Occupe-toi de moi, à présent. Allez. Emporte-moi. Pour aujourd'hui, j'en ai bien trop dit.

Intimidée, la fille se prépara en vue de l'effort terrifiant qu'elle allait fournir.

Vorst savait qu'elle disposait d'un contrôle plus affirmé que la plupart des espers de sa catégorie.

La plupart des précogs ne parvenaient pas à tenir leur amarrage. Mais Delphine s'était accrochée à ses pouvoirs, à sa vie, et elle avait atteint ainsi, pour une esper, ce que l'on pouvait considérer comme un âge respectable.

Bien sûr, un jour elle « brûlerait », elle aussi, lorsqu'elle dépasserait ses possibilités.

Mais, jusqu'à présent, elle s'était révélée d'une incalculable valeur pour Vorst, elle était sa boule de cristal, la plus précieuse entre tous les flotteurs qui avaient aidé à la réalisation de ses plans. Si elle pouvait tenir encore quelque temps, au moins jusqu'à ce qu'il ait un aperçu du chemin qui commençait au delà des derniers obstacles..., la longue, l'interminable randonnée aurait un terme et ils pourraient se reposer, l'un comme l'autre.

Delphine relâcha son emprise sur le présent et se laissa entraîner dans ce domaine où tous les instants existaient simultanément.

Vorst l'observait. Il attendait et il sentit l'emprise de la fille quand elle l'entraîna à sa suite dans le flot du temps. Il n'était pas en mesure de provoquer lui-même un tel voyage, mais il pouvait la suivre.

Des brumes se refermèrent sur lui. Il glissa le long des années. C'était un malaise qu'il avait connu bien des fois.

Il se vit lui-même, multiple, image nette, reflet flou. Et il distingua d'autres personnages, des figures de rêve, des silhouettes d'ombre, des formes esquissées derrière les rideaux changeants du Temps.

Et Lazarus?

Oui, Lazarus était là.

Et Kirby.

Et Mondschein.

Tous, ils étaient là. Tous les pions du jeu.

Vorst contemplait le paysage scintillant de l'ailleurs.

Un paysage qui n'appartenait pas à la Terre. Ni à Mars ni à Vénus.

Il se mit à trembler.

Il voyait un arbre haut de plus de trois cents mètres, couronné de feuilles couleur d'azur qui se détachaient sur un ciel embrumé.

Puis, il fut emporté, jeté dans le chaos malodorant d'une cité cinglée par des torrents de pluie.

Il était devant l'une des chapelles des premiers âges.

Sous la pluie, le bâtiment était en feu et l'âcre odeur du bois calciné et humide emplissait ses narines.

Et puis, il vit le visage ridé de Reynolds Kirby.

Et puis encore...

La sensation de mouvement disparut.

Il ressurgit dans sa propre matrice temporelle.

Son organisme réajusta le taux d'adrénaline par rapport aux tensions subies.

L'esper était affaissée dans son siège, le visage ruisselant de sueur. Vorst appela un acolyte.

— Veille à ce qu'elle regagne sa chambre, lui dit-il. Qu'on lui fasse reprendre conscience.

L'acolyte acquiesça et se chargea de la fille.

Vorst attendit, immobile et silencieux.

Cette séance l'avait pleinement satisfait. Elle lui avait apporté la confirmation de ses propres intuitions. Et cela était d'un réconfort précieux.

— Envoyez-moi Capodimonte, dit-il dans le communicateur.

Lorsque Vorst était présent à Santa Fe, il n'était pas question de perdre une minute et le Superviseur du District se présenta devant le Maître et Fondateur dans l'instant suivant.

Capodimonte était loyal, zélé, rapide et joufflu.

Pour les missions délicates, Vorst lui faisait la plus entière confiance.

Ils échangèrent rapidement les bénédictions d'usage.

— Capo, dit Vorst, combien de temps vous faudrait-il pour rassembler le personnel d'une expédition interstellaire?

— Inter...

— Disons que le départ devrait être prévu pour la

fin de l'année... Explorez donc les Archives et proposez-moi plusieurs équipages.

Capodimonte avait déjà retrouvé son aplomb.

– De quelle importance devront-ils être?

– D'importance variée. De deux à douze personnes. Disons que nous commencerons avec Adam et Eve pour aller jusqu'à cinq ou six couples. Qu'ils soient choisis en fonction de leur état de santé, de leur fertilité, de leur adaptabilité, de leurs talents.

– Des espers?

– Là, il faut être prudent. Disons que nous pourrions avoir deux empathiques, des guérisseurs. Mais rejetez les exotiques. Et n'oubliez pas que tous ces gens sont censés devenir des pionniers. Il faut donc qu'ils soient particulièrement souples. Pour un tel voyage, Capo, nous devons nous passer des génies.

– Lorsque j'aurai établi des listes, devrai-je les soumettre à vous directement ou à Kirby?

– A moi, Capo. Et je ne veux pas que vous rapportiez le moindre mot de cet entretien à Kirby ou à qui que ce soit. Prenez le problème en main et virez les groupes qui ont été déjà programmés. Je ne suis pas certain de l'importance de l'expédition que nous allons mettre sur pied, mais j'ai besoin d'une équipe autonome à tous les niveaux. Qu'elle se compose de deux ou de huit personnes. Faites-moi cela dans les deux ou trois jours. Ensuite, mettez cinq ou six de vos meilleurs hommes sur les problèmes de logistique d'une telle expédition. Il faut prévoir une capsule à propulsion esper, une conception optimale au niveau de la construction. Nous avons eu des dizaines d'années pour cela. Il nous faut des montagnes de plans et de projets. Passez-les tous en revue, Capo. C'est désormais votre jouet.

— Monsieur... Puis-je me permettre une question subversive ?
— Allez-y.
— S'agit-il là d'un exercice hypothétique ou bien d'une opération réelle ?
— Ça, je l'ignore, dit Vorst.

★

Sur l'écran, le visage bleu du Vénusien était déconcertant, rébarbatif. Pourtant, cet être était né sur la Terre et tout l'héritage de l'humanité était inscrit et se lisait dans la forme du crâne, le pli des lèvres, le dessin du menton.

Ce visage bleu était celui de David Lazarus, Fondateur du culte de l'Harmonie Transcendante, leader ressuscité.

Depuis la résurrection de l'archi-hérésiarque, Vorst avait conféré bien des fois avec Lazarus.

Les deux prophètes s'étaient toujours autorisé le luxe du contact visuel absolu.

La transmission des images et du son par le biais des stations, entre la Terre et Vénus, coûtait un prix exorbitant. Mais de telles dépenses n'avaient que peu de sens pour ces deux hommes.

Vorst tenait à ce qu'il en fût ainsi. Il se plaisait à lire les transformations sur le visage de son interlocuteur. Et puis, durant les intervalles interminables qui séparaient leurs déclarations, il avait au moins quelque chose à regarder. Même à la vitesse de la lumière, il fallait un temps considérable pour échanger un message entre les planètes solaires. La plus brève des entrevues requérait plus d'une heure de temps.

Bien installé dans son berceau de mousse, Vorst déclara :
— Je pense, David, que le temps est venu d'unir

nos mouvements. Nous nous complétons. Nous n'avons plus rien à gagner à nos divisions présentes.

— Mais il se pourrait bien que l'union nous fasse perdre quelque chose, déclara Lazarus. Nous sommes le plus jeune surgeon. Si vous nous absorbez, nous risquons de nous dissoudre dans votre hiérarchie.

— Certainement pas. Je me porte garant de l'autonomie future de vos Harmonistes. J'irai plus loin : je vous promets un rôle majeur dans notre politique.

— Et quelles garanties m'offrez-vous ?

— Nous verrons cela plus tard. Je dispose d'un équipage pour un voyage interstellaire. Prêt à partir. L'équipement devrait être au point avant quelques mois. J'entends par là un équipement *complet*. Qui leur permettra d'affronter n'importe quelle situation. Mais il faut qu'ils puissent sortir du système solaire. C'est vous, David, qui pouvez nous fournir la poussée nécessaire. Vous disposez des éléments dont nous avons besoin. Nous avons surveillé toutes vos expériences.

Lazarus acquiesça et ses branchies frémirent de manière à peine perceptible.

— Je ne chercherai pas à cacher ce que nous avons fait, dit-il. Nous sommes en mesure de propulser mille tonnes de Vénus à Pluton. Et nous pouvons bien entendu faire en sorte qu'une masse de même importance poursuive sa trajectoire vers l'infini.

— Combien faudra-t-il de temps pour atteindre l'orbite de Pluton ?

— Très peu. Je ne saurais vous dire exactement la vitesse que nous pouvons atteindre, mais... oui, les étoiles sont à notre portée. Depuis huit ou même dix mois, d'ailleurs. Pour expédier un vaisseau, il nous faudrait... disons une année. Bien sûr, il nous est totalement impossible de garder le contact. Nous pouvons exercer la poussée mais il n'est pas question de converser avec l'équipage à travers dix années-lumière. Est-ce que vous pourriez y parvenir, Noël?

— Non, dit Vorst. Dès qu'elle aura dépassé la limite radio, l'expédition échappera à notre contrôle. Il faudra un vaisseau témoin lancé sur une trajectoire de retour pour nous avertir que tout s'est bien déroulé. Et, pour cela, il nous faudra attendre quelques dizaines d'années, vous le savez. Mais il faut bien essayer. David, il faut que vous nous fournissiez les hommes dont vous disposez.

— Avez-vous conscience que des dizaines de nos éléments les plus jeunes et les plus prometteurs risquent de « griller »?

— Je le sais, David. Mais il nous les faut. Nous sommes très avancés dans le domaine des techniques de guérison. Qu'ils lancent le vaisseau vers les étoiles et, ensuite, quand ils s'effondreront, nous serons là pour essayer de les récupérer. C'est la fonction principale de Santa Fe.

— On les laisse mourir d'épuisement, et puis on recolle les morceaux, c'est cela, non? Pas très joli. Les étoiles sont-elles vraiment aussi importantes, Noël? Je préférerais voir ces garçons développer leurs pouvoirs ici, sur Vénus, en toute sécurité, sans que leurs corps ni leurs cerveaux ne soient atteints.

— Nous avons besoin d'eux.

— Nous aussi.

Vorst profita de l'intervalle de silence pour nourrir son organisme en stimulants. Lorsque vint le moment de sa réponse, il se sentait à nouveau vibrant d'énergie et de volonté.

— David, vous m'appartenez, dit-il. Je vous ai fait et j'ai besoin de vous. Je vous ai plongé dans le sommeil en 2080, alors que vous n'étiez qu'un petit parvenu. Je vous ai ressuscité en 2152 pour vous offrir un monde. Vous me devez tout. Je vous rappelle maintenant cette obligation. Pour atteindre cette position, il m'a fallu attendre cent ans. Vous et vos espers, vous disposez maintenant du moyen qui me permettra d'atteindre enfin les étoiles. Quoi qu'il vous en coûte de vies humaines, j'exige que vous me fournissiez le personnel dont j'ai besoin.

Cette déclaration avait exigé un tel effort que Vorst se sentit défaillir sous une vague de fatigue. Mais il disposait du temps nécessaire pour recouvrer quelque force, et pour réfléchir, en attendant la réponse de Lazarus. Il venait d'avancer son pion et, à présent, c'était à Lazarus de jouer. Vorst, quant à lui, ne disposait plus du moindre atout.

Sur l'écran, le visage de Lazarus demeurait sans expression. Les paroles de Vorst n'avaient pas encore atteint Vénus. La réponse de Lazarus ne parvint qu'après une demi-éternité.

— Je ne pensais pas que vous vous montreriez si dur, Noël, dit-il. Pourquoi devrais-je vous être reconnaissant de m'avoir ramené à l'existence ? C'est à vous que je dois d'avoir été jeté dans ce trou, non ? Oh, je sais : parce que mon mouvement était sans aucune importance lorsque vous m'avez... mis à l'écart, et qu'il est devenu une force majeure pendant que j'attendais de renaître. Je vous dois également cela ? (Lazarus fit une pause.) Bon, n'en parlons plus. Je ne veux pas vous donner mes espers, Noël. S'il vous en faut, fabriquez-les. Si vous tenez autant que cela aux étoiles.

— Ne soyez pas stupide. Vous aussi vous tenez aux étoiles, David. Mais vous êtes perdu sur votre monde, vous n'avez pas la technologie nécessaire. Vous n'êtes pas à même de monter la plus petite expédition. Moi, je le peux. Il faut unir nos forces.

C'est ce que vous désirez, même si votre discours est différent. Laissez-moi vous expliquer ce qui vous empêche d'accepter cet accord, David. Vous avez peur de ce que vos fidèles feront quand ils apprendront que vous avez accepté de coopérer. Ils vous accuseront de vous être vendu aux Vorsters. Parce que vous n'avez pas d'indépendance réelle, vous voilà figé dans une situation à laquelle vous êtes étranger. Il faut imposer votre force, David. Servez-vous de vos pouvoirs. Cette planète, je l'ai placée entre vos mains. Le temps est venu de me rembourser.

— Mais comment voulez-vous que je me présente devant Mondschein, devant Martell et tous les autres, pour leur dire que j'ai accepté en toute humilité de me soumettre à votre ordre? Depuis qu'ils ont vu arriver un martyr ressuscité, ils ont suffisamment de motifs d'inquiétude. Il m'arrive parfois de souhaiter qu'ils me martyrisent à nouveau, et pour de bon. J'ai besoin d'un argument pour négocier.

Vorst se permit un sourire. La victoire était désormais à sa portée.

— David, dites-leur que je vous offre l'autorité suprême sur nos mondes. Dites-leur que non seulement la Fraternité accepte de plein gré les Harmonistes mais qu'elle leur donne le pouvoir total sur les deux branches de la foi.

— *Les deux*?

— Les deux, David.

— Et qu'advient-il de vous?

Vorst, alors, le lui apprit.

Et, dès que les mots eurent franchi ses lèvres, le Fondateur se renfonça dans son fauteuil, alangui et soulagé, avec la certitude d'avoir accompli le dernier mouvement dans un jeu qui durait depuis un siècle et s'achevait de la façon la plus satisfaisante.

★

Lorsqu'il fut mandé auprès de Vorst, Reynolds Kirby se trouvait avec son thérapeute. Le Coordinateur de l'Hémisphère était plongé dans un bain nutritif, une adaptation de la Chambre du Néant qui offrait la revivification et non plus l'oubli.

Si Kirby avait choisi le refuge temporaire dans le néant absolu, il aurait pu se placer en suspension complète et s'abstraire ainsi de l'univers. Mais il avait depuis longtemps perdu le goût de tels amusements.

Maintenant, il s'abîmait dans le bain qui restaurait ses principes vitaux après la fatigue de la journée, tandis que le thérapeute esper cicatrisait les plaies et les égratignures de son esprit.

D'ordinaire, Kirby ne tolérait aucune interruption. A son âge, il ne pouvait gaspiller le moindre instant de paix. Il était né trop tôt pour pouvoir partager la semi-immortalité des générations plus jeunes.

Son organisme ne pouvait reconstituer son taux de vitalité aussi rapidement que celui d'un homme du XXIIe siècle, héritier d'un siècle de recherches vorsters.

Pourtant, la règle d'or de Kirby souffrait une exception : une convocation de Vorst prenait le pas absolu en toute circonstance.

Le thérapeute savait cela. Il conclut très adroitement la séance en préparant rapidement Kirby pour son retour dans le réel, le prochain affrontement avec les tensions du monde.

En moins d'une demi-heure, le Coordinateur était

en route pour le dôme blanc qui abritait les appartements de Vorst.

Le Fondateur avait l'air passablement secoué. En fait, jamais encore Kirby n'avait vu Vorst à ce point diminué.

Son front brillant était semblable à celui d'un squelette et il y avait dans ses yeux sombres une lueur intense et particulièrement inquiétante.

Le bruit d'une pulsion sourde emplissait la pièce : l'appareillage vital de Vorst était au travail pour le maintenir en vie et soutenir les forces défaillantes du vieillard.

Kirby prit le siège que lui désignait le Fondateur. Aussitôt, il sentit l'emprise puissante des doigts mécaniques qui commençaient à le masser.

Vorst prit la parole :
— Je vais demander la réunion du Conseil pour ratifier mes récentes décisions. Mais avant cela, je désire discuter de plusieurs choses avec vous, revoir tout cela.

Kirby avait une expression fermée. Depuis des dizaines d'années qu'il connaissait Vorst, il pouvait donner une traduction immédiate :

Je viens de prendre une décision autoritaire et je vais appeler tout le monde pour un coup de tampon officiel. Mais d'abord, c'est vous qui allez recevoir un coup de tampon, Kirby.

Kirby était prêt à approuver les actes de Vorst, quels qu'ils fussent. Par nature, il n'avait rien d'un homme de caractère faible, mais il n'était pas question de discuter les décisions de Vorst. Lazarus était le dernier qui s'y fût risqué et il en avait été récompensé par soixante ans de sommeil au tombeau.

Dans le silence, Vorst murmura :
— J'ai conversé avec Lazarus et j'ai conclu le

marché. Il a accepté de nous fournir des pousseurs. Autant que nous pourrons en avoir besoin. Il est possible que l'expédition soit en mesure de partir vers la fin de cette année.

– J'en suis un peu stupéfait, Noël.

– A cause de l'anticlimax, n'est-ce pas? Depuis quatre siècles, nous nous battons pied à pied, et nous voilà tout à coup arrivés. L'excitation de la poursuite devient l'ennui de la réalisation.

– Mais cette expédition n'a pas encore atteint un autre système solaire, remarqua tranquillement Kirby.

– Elle réussira, elle réussira... Cela ne fait pas le moindre doute. Nous faisons les derniers pas. Capodimonte est déjà en train de travailler à la sélection de l'équipage. Sous peu, nous allons mettre au point la capsule. Les gens de Lazarus vont nous donner un coup de main et nous partirons. C'est une chose certaine.

– Mais comment êtes-vous parvenu à lui arracher son accord, Noël?

– En lui montrant la situation qui s'établirait après le départ de l'expédition. Dites-moi, avez-vous réfléchi aux objectifs de la Fraternité au delà de cette première expédition?

Kirby hésita.

– Eh bien... d'autres expéditions, je suppose. Et il faudra encore consolider notre position. Poursuivre les recherches médicales. Le travail courant...

– Exactement. Une longue et tranquille descente vers l'utopie. Finie l'ascension pénible. C'est pour cette raison que je ne tiens pas à diriger tout cela plus longtemps.

– Comment?

– Je ferai partie de l'expédition, dit Vorst.

La phrase atteignit Kirby avec une violence physique. Il accusa le choc et se recroquevilla.

C'était comme si Vorst venait de s'arracher un membre pour le lui jeter à la figure.

Il agrippa les accoudoirs de son fauteuil et le siège, répondant à son trouble, se mit à le bercer et à le masser.

— Vous... voulez *partir*? souffla Kirby. Non. C'est impossible, Noël, cela dépasse l'entendement. C'est de la pure folie.

— Ma décision est prise. Mon travail sur Terre est achevé. Je conduis les destinées de la Fraternité depuis un siècle. C'est bien assez long. Je l'ai vue prendre le contrôle de cette planète et, par procuration, je me suis assuré du contrôle de Vénus. Je dispose maintenant de la coopération des Martiens, si ce n'est de leur soutien absolu. J'ai accompli ici tout ce que j'entendais accomplir. En partant avec l'expédition interstellaire, j'aurai mis un terme à ce que je me permettrai d'appeler avec grandiloquence ma mission sur cette Terre. Le moment est venu de m'éloigner. Je vais changer de soleil.

— Nous ne vous laisserons pas partir, dit Kirby, stupéfait de l'audace de ses paroles. Vous ne pouvez pas! A votre âge... dans une capsule lancée vers...

— Si je ne pars pas, dit Vorst, il n'y aura pas de capsule lancée.

— Ne parlez pas comme cela, Noël. On dirait un enfant gâté en train de menacer de mettre tous les invités à la porte si personne ne veut jouer avec lui. La Fraternité comprend d'autres responsables que nous.

A la surprise de Kirby, cette sévère rebuffade ne parut provoquer qu'un certain amusement chez Vorst.

— Je pense que vous interprétez mal mes paroles, dit le Fondateur. Je ne veux pas dire que je mettrai un terme à l'expédition si je ne pars pas mais que l'appoint des espers de Lazarus dépend de mon départ. Si je ne prends pas place à bord de la capsule, il ne nous fournira pas les pousseurs qui nous sont nécessaires.

Pour la seconde fois, la stupéfaction paralysa Kirby. A son émotion, se mêlait une certaine peine, car il devinait une trahison.

– Est-ce là le marché que vous avez conclu, Noël?

– Le prix était honnête. Depuis longtemps, il fallait que le pouvoir change de mains. Je quitte la scène. Lazarus devient le maître suprême du mouvement. Vous pourriez être son vicaire sur la Terre. Nous avons les espers. Nous ouvrons le ciel. C'est satisfaisant pour chacune des parties concernées.

– Non, Noël.

– Je suis las de ma position. Je veux partir. Lazarus souhaite que je parte. Je suis trop grand. Je domine le mouvement dans sa totalité. Le temps des mortels est revenu. Vous et Lazarus, vous pourrez vous partager l'autorité. Il sera le chef spirituel, mais vous gouvernerez la Terre. A deux, vous parviendrez à établir une manière de liaison entre les Harmonistes et la Fraternité. Ce ne sera pas trop difficile. Nos rites se ressemblent. Il suffira de dix ans encore pour que disparaissent les dernières traces d'amertume. Alors, je serai à plus de dix années-lumière de distance, hors de votre portée, incapable de m'immiscer à nouveau dans les affaires du pouvoir, retiré du monde réel. En liberté sur le monde X du système Y.

– Je ne crois rien de tout cela, Noël. Je ne crois pas que vous puissiez abdiquer et vous éclipser vers le néant avec une bande de pionniers. Je ne vous vois pas planter votre cabane sur une planète inconnue à l'âge de cent cinquante ans, en lâchant toutes les rênes.

- Vous feriez aussi bien de commencer à y croire, dit Vorst.

Pour la première fois depuis le début de cette conversation, le ton cinglant et familier était revenu.

- Je pars. C'est décidé. Et, en un certain sens, je suis parti.

- Ce qui signifie?

- Vous savez que je suis un flotteur à un degré très mineur. Que je construis mes plans en m'aidant des précogs.

- Oui.

- J'ai vu la suite. Je sais comment cela va se passer, comment ce sera. Je pars. J'ai suivi le plan jusque là. Je l'ai suivi et conduit tout à la fois. Ce fut comme une sorte de roulé-boulé dans le Temps. Je percevais la réalisation de chacune des choses que je décidais. De la fondation de la Fraternité jusqu'à ce moment précis. Tout est donc fixé. Je pars.

Kirby ferma les yeux, en quête de son équilibre.

- Regardez le chemin que j'ai parcouru, reprit le Fondateur. Ai-je fait un faux pas? La Fraternité est prospère. Elle a investi toute cette planète. Quand nous avons été suffisamment fort pour accepter un schisme, j'ai encouragé l'Hérésie harmoniste.

- Vous avez *encouragé*...

- J'ai choisi Lazarus en fonction de la tâche qui l'attendait et je l'ai empli d'idées. Ce n'était alors qu'un acolyte insignifiant, une boule d'argile entre mes mains. C'est pour cette raison que vous n'avez pu le connaître à ses débuts. Mais il existait. Je l'ai choisi. Je l'ai modelé. J'ai lancé son mouvement contre le nôtre.

- Mais pourquoi, Noël?

- Nous n'avions rien à gagner en demeurant monolithiques. Je devais parier contre moi. La

Fraternité avait été édifiée afin de s'emparer de la Terre. Elle y était parvenue. Mais les mêmes principes ne pouvaient s'appliquer à Vénus. Impossible. J'ai donc mis au point un deuxième culte. Comme pour Vénus. Et je lui ai donné Lazarus. Ainsi que Mondschein, plus tard. 2095, vous vous souvenez? Il n'était encore qu'un petit acolyte cupide mais j'ai su deviner la force qu'il avait en lui. Et je l'ai manœuvré jusqu'à ce qu'il se retrouve sur Vénus, avec les Transformés. J'ai mis cela sur pied dans le moindre détail.

– Et vous saviez qu'ils obtiendraient des pousseurs? demanda Kirby, incrédule.

– Je n'en étais pas certain. Je l'espérais. Mais je savais qu'en inventant les Harmonistes, j'avais eu une bonne idée. J'avais vu qu'elle *serait* une bonne idée. Vous me comprenez? Dans la même intention, j'ai mis Lazarus à l'écart et je l'ai dissimulé dans cette crypte, sur Mars, pendant soixante années. A l'époque, je ne savais pas exactement pourquoi. J'ai considéré alors qu'il serait utile de garder un martyr dans ma manche. Du moins pour quelque temps, comme une carte que je pourrais jouer dans l'avenir. Il y a douze ans que je l'ai abattue, cette carte, et depuis, les Harmonistes m'appartiennent. Aujourd'hui, c'est mon ultime carte que je joue : moi-même. Il faut que je m'efface. De toute façon, ma tâche est achevée et je suis las de tous ces embrouillaminis. J'ai jonglé avec n'importe quoi depuis un siècle. J'ai formé ma propre opposition, j'ai provoqué et créé des conflits dont l'unique fonction était de parvenir à l'ultime synthèse. Et cette synthèse est là. Et je me retire. J'abandonne.

Après un long silence, Kirby dit enfin :

– En me demandant de ratifier une décision qui

est aussi immuable que le lever du soleil ou le rythme des marées, vous m'humiliez, Noël.

– Vous êtes libre de vous y opposer en Conseil.

– Mais vous partirez quand même, n'est-ce pas?

– Oui, mais j'apprécierais votre soutien. L'issue n'en sera pas différente pour autant mais il est important pour moi que vous soyez à mes côtés, plutôt que contre moi. Il me plairait de penser que, parmi tous les autres, vous comprenez ce que j'ai accompli durant toutes ces années. Croyez-vous vraiment qu'il me reste une seule raison de demeurer sur Terre?

– Nous avons besoin de vous, Noël. Telle est l'unique raison.

– Il semble que vous soyez le seul à vous montrer aussi puéril. Vous n'avez plus besoin de moi. Le plan a été réalisé. Il faut maintenant transmettre les pouvoirs et confier ce travail à d'autres. Vous êtes devenu trop dépendant de moi, Ron. Vous n'arrivez pas à accepter l'idée que je ne pourrai pas tirer les ficelles durant l'éternité.

– C'est peut-être exact, admit Kirby. Mais à qui la faute? Vous vous êtes entouré de larbins. Vous vous êtes vous-même rendu indispensable, Noël. Vous êtes là, au centre parfait du mouvement, comme un feu sacré dans l'âtre. Personne ne peut s'approcher sans être brûlé. Et voilà que vous décidez d'emporter ce feu au loin.

– De le transférer, dit Vorst. Ecoutez, Ron, j'ai un travail pour vous. Les membres du Conseil arriveront dans six heures. Je vais leur faire ma déclaration et je suppose qu'ils seront tous aussi bouleversés que vous. Retirez-vous durant ces six heures et réfléchissez à ce que je vous ai dit. Essayez de vous réconcilier avec cette idée. Et je vous demande même plus. Ne vous contentez pas de *l'accepter* mais *approuvez-la*. Pendant la réunion, levez-vous et expliquez-leur. Ne leur dites pas simplement que tout est bien ainsi mais pourquoi il est nécessaire, vital pour la Fraternité que je m'en aille.

– Vous voulez que...

– Ne dites rien maintenant. Vous êtes encore en colère. Vous ne le serez plus quand vous aurez découvert les lignes de force de mon projet. Jusque-là, je ne veux plus entendre un mot de vous.

Kirby eut un sourire.

– Vous tirez toujours les ficelles en ce moment, n'est-ce pas ?

– C'est devenu une vieille habitude. Mais je crois bien que c'est pour la dernière fois. Et je vous promets que votre opinion va changer, Ron. Avant une heure ou deux, vous aurez admis mon point de vue. Avant que le soleil ne se couche, vous aurez envie de m'embarquer dans cette capsule. Je le sais. Je vous connais.

★

Sous les frondaisons de la végétation vénusienne, au centre d'une clairière, les pousseurs s'exerçaient.

Une avenue d'arbres gigantesques se déployait jusqu'à l'horizon enveloppé d'une lumière perlée. Leurs feuilles finement découpées se rejoignaient pour former une voûte naturelle.

Les jeunes Vénusiens à peau bleutée s'étaient rassemblés au nombre d'une dizaine sur le sol boueux et moussu de la forêt.

Ils testaient leurs pouvoirs.

A quelque distance, plusieurs personnages les observaient. David Lazarus se tenait au centre du groupe. Autour de lui, il y avait les leaders harmonistes : Christopher Mondschein, Nicholas Martell, Emory.

Lazarus avait connu des moments difficiles avec ces hommes.

Pour eux, il n'avait été qu'un nom dans un long martyrologe, une figure sainte et irréelle dont le pouvoir absent leur permettait de gouverner le credo d'un culte.

Lorsqu'ils avaient dû accepter l'idée de son retour parmi les vivants, cela n'avait pas été sans difficultés.

Lazarus avait même cru un temps qu'ils étaient prêts à l'exécuter. Mais cette période était oubliée et ils se pliaient à sa volonté.

Mais, parce que son sommeil avait été très long, il était à la fois plus jeune et plus ancien que ses lieutenants.

Souvent, il en ressentait l'effet dans l'exercice de sa pleine autorité.

— C'est acquis, dit-il. Vorst va partir et le schisme s'achèvera. Je trouverai une solution acceptable avec Kirby.

— C'est un piège, dit Emory d'un ton funèbre. N'y tombez pas, David. On ne peut se fier à Vorst.

— C'est Vorst qui m'a ramené à la vie.

— Mais c'est lui qui vous avait placé dans cette crypte. C'est bien ce que vous nous avez dit.

— Nous ne pourrons jamais être absolument certains de cela, dit Lazarus (bien que Vorst lui-même eût tout reconnu lors de leur dernière conversation.) Ce ne sont que des suppositions. Il n'existe aucune preuve de...

Mondschein l'interrompit :

— Nous n'avons aucune raison de faire confiance à Vorst. Mais s'il monte réellement à bord de cette capsule, nous n'aurons rien à perdre en l'expédiant du côté de Procyon ou de Bételgeuse. Une fois débarrassés de lui, nous entamerons les négociations avec Kirby. C'est un homme de raison. Il ne déborde pas de machiavélisme.

— C'est trop facile, insista Emory. Pourquoi voudriez-vous qu'un homme ayant le pouvoir de Vorst se retire comme ça, de son plein gré?

— Il en a peut-être assez, dit Lazarus. Il y a, dans le pouvoir absolu, certaines choses qui ne peuvent être comprises que de celui qui le détient. Parmi elles, l'ennui. On peut éprouver du plaisir à secouer le monde, à le faire tourner pendant vingt, trente, cinquante années. Mais Vorst est au sommet depuis un siècle. Il veut changer. Je dis, moi, qu'il faut accepter son offre. Nous serons débarrassés de lui et Kirby sera à notre disposition. De plus, il détient un atout : pour atteindre les étoiles, nous avons besoin du soutien l'un de l'autre. Il a besoin de nous, mais nous avons besoin de lui. Cela mérite de croire à son offre. Il faut l'accepter.

Nicholas Martell tendit un doigt vers les pousseurs.

— N'oubliez pas que nous allons perdre certains d'entre eux. Il est impossible de lancer cette capsule vers les étoiles sans risquer de surcharger quelques-uns de nos espers.

— Vorst s'est offert à nous dédommager, dit Lazarus.

— Autre élément positif, dit Mondschein. Ce nouvel accord nous permettra d'avoir accès aux centres hospitaliers vorsters. D'un point de vue égoïste, cela me plaît. Je crois qu'il est temps d'en finir avec le mépris et de céder à Vorst. Il veut donner son congé? D'accord. Laissons-le disparaître et traitons avec Kirby pour notre plus grand avantage.

Lazarus eut un sourire. Il n'avait pas espéré gagner aussi facilement l'approbation de Mondschein.

Mais Mondschein était vieux. A plus de quatre-vingt-dix ans, il avait besoin de tous les soins que pourraient lui prodiguer les médecins vorsters.

Ce que Vénus ne pouvait lui offrir.

Mondschein avait visité lui-même le Centre de Santa Fe dans sa jeunesse et il savait quels miracles pouvaient y être accomplis.

Les motivations de Mondschein n'étaient pas essentielles, mais, au moins, elles étaient humaines.

Oui, Mondschein était humain, même avec sa peau bleue et ses branchies.

Nous le sommes tous, songea-t-il.

Son regard se porta vers les pousseurs.

Eux ne le sont pas.

Ils représentaient la cinquième ou sixième génération vénusienne. Ils portaient encore en eux la semence de la Terre mais ils étaient maintenant terriblement éloignés du fonds génétique originel.

Les manipulations génétiques qui avaient permis de transformer l'homme pour qu'il puisse vivre sur Vénus se transmettaient de génération en génération.

Désormais, ces garçons espers n'étaient plus vraiment humains.

Ils se concentraient sur leurs jeux.

A présent, le transport d'objets sur de grandes distances ne représentaient pour eux qu'un effort minime. Ils pouvaient aussi se téléporter instantanément de l'autre côté de Vénus, ou bien projeter un rocher sur la Terre en une ou deux heures.

Mais il était impossible à un esper de se téléporter seul, par ses propres pouvoirs. Pour toute poussée, il fallait un pivot. Mais c'était un obstacle mineur. Oui, un esper seul ne pouvait se transporter entre les planètes, mais il suffisait qu'ils soient deux ou trois pour abolir l'espace.

Silencieux, il observait leurs escamotages. Ils

233

étaient ici une seconde, puis là le temps d'un battement de cœur. Ils semblaient danser comme des insectes, des papillons.

Ils apparaissaient puis disparaissaient, flottaient un instant pour jaillir au-dessus de la cime des arbres, traverser le ciel et se matérialiser de nouveau à quelques centimètres d'un îlot de mousse.

Ils étaient encore des enfants qui cherchaient à maîtriser leurs dons tout en jouant.

Leurs dons étaient à peine mûrs.

Quelle serait l'étendue véritable de leurs pouvoirs quand ils deviendraient adultes? se demandait Lazarus.

Et combien devraient mourir pour envoyer quelques spécimens d'humanité hors des frontières du domaine solaire?

Un oiseau au bec redoutable, armé de dents de scie, à peine visible dans le crépuscule vénusien, jaillit dans le ciel, loin au-dessus du dôme des arbres.

L'un des jeunes espers l'entrevit et, avec un sourire féroce, il le fit jaillir dans les nuages jusqu'à plus d'un kilomètre d'altitude.

Lazarus perçut nettement le cri rageur de l'oiseau tandis qu'il reprenait son équilibre.

– Le marché est conclu, dit Lazarus. Nous aidons Vorst et il s'en va. D'accord?

– D'accord, dit Mondschein, précipitamment.

– D'accord, murmura Martell, les yeux rivés sur la mousse grisâtre qui festonnait le sol de la clairière.

– Emory? demanda Lazarus.

Celui-ci fronçait les sourcils. Son regard s'était arrêté sur un garçon aux membres longs qui venait à peine de se matérialiser, tout proche, après un saut vers quelque autre continent de Vénus.

Le visage émacié d'Emory était sombre, ses traits marqués par une évidente tension intérieure.
— D'accord, dit-il enfin.

★

La capsule était en fait un obélisque d'acier au béryl.

Il mesurait plus de vingt mètres de haut et semblait une arche bien fragile pour un voyage au long cours entre les étoiles de la galaxie.

La capsule comportait des quartiers d'habitation prévus pour onze personnes, un ordinateur aux possibilités miraculeuses et inquiétantes et, enfin, la version sub-miniaturisée du trésor humain : tout ce qui méritait d'être sauvé au terme de deux milliards d'années de vie humaine sur la Terre.

Vorst avait donné des instructions nettes au Frère Capodimonte.

— Equipez cette capsule comme si notre soleil devait se changer en nova le mois prochain et que nous soyons dans l'obligation absolue d'emporter et de sauver tout ce qui est important.

Capodimonte avait été ethnologue et il avait bien sûr son idée quant à la cargaison d'une arche interstellaire.

Mais il ne pouvait s'opposer aux ordres de Vorst, et ne le souhaitait pas non plus.

Lentement, patiemment, une sous-commission de Frères avait défini les objectifs de l'expédition interstellaire selon des paramètres situés dans un futur incertain. Et cette définition avait été corrigée et reconstituée tant de fois que Capodimonte avait ainsi bénéficié du jugement d'hommes nouveaux et plus jeunes.

Pour lui, cela avait été un réconfort appréciable dans cette tâche.

Le projet comportait divers éléments mystérieux et plus que troublants.

Par exemple, Capodimonte ignorait tout quant à la nature du monde où les pionniers comptaient débarquer.

En cela, il n'était pas différent des autres, au sein de la Fraternité.

A l'intérieur des distances interstellaires, personne ne pouvait dire s'il existait un monde susceptible d'accepter la vie humaine.

Les astronomes avaient détecté des milliers de planètes dans les systèmes d'autres étoiles.

Certaines étaient si lointaines qu'elles n'apparaissaient que sur les écrans des radio-télescopes.

D'autres n'existaient que par le résultat de complexes déductions mathématiques ou l'influence à peine mesurable de leur orbite sur le déplacement de leur étoile locale.

Mais les planètes existaient.

Et seul cela comptait.

La question était : pouvaient-elles accepter l'homme ?

Si l'on prenait pour base le système solaire, une seule et unique planète sur neuf ou dix s'était révélée naturellement habitable.

Une statistique peu encourageante pour les autres systèmes.

Pour terraformer Mars, il avait fallu deux générations d'un travail titanesque.

Comment les onze pionniers lancés parmi les étoiles pourraient-ils s'en sortir ?

Pour transformer les humains de la Terre en Vénusiens, l'humanité avait dû faire appel aux plus grands talents dans le domaine de la génétique. Cette solution serait totalement hors de portée des pionniers stellaires. Ils devaient trouver un monde colonisable ou bien périr.

Les espers de l'état-major de Santa Fe déclaraient qu'il existait des mondes hospitaliers au sein de la Voie lactée.

Ils avaient sondé l'espace avec leurs esprits. Ils s'étaient projetés bien au delà des limites du système solaire et avaient établi le contact avec des mondes tangibles, habitables, de nouvelles Terres hors du domaine humain.

Illusion ? Mirage ?

Capodimonte n'était nullement en mesure de le déterminer.

Reynolds Kirby, troublé par le projet de la première à la dernière ligne, déclara à Capodimonte :

– Est-il vrai qu'ils ignorent encore vers quelle étoile ils vont se diriger ?

– C'est exact. Ils ont perçu des espèces d'émanations, c'est tout. Elles proviennent de quelque part. Ne me demandez pas comment ils ont fait. Tout ce que je sais, et vous aussi, c'est que nos espers guideront la capsule, qu'ils détermineront sa route, en quelque sorte, et que leurs pousseurs fourniront la force de propulsion. Nous serons les navigateurs, ils seront les haleurs.

– Et ce sera un voyage vers n'importe où ?

– Vers n'importe où, admit Capodimonte. Ils creuseront une sorte de trou dans l'espace et la capsule passera au travers. Il n'est pas question de traverser l'espace normal, quoi que cela puisse signifier. L'engin se posera sur ce monde que nos espers prétendent avoir découvert. Ensuite, ils nous enverront un message pour nous donner leur situation. Nous ne le recevrons pas avant une génération. Mais, évidemment, nous aurons lancé d'autres expéditions entre-temps. Des allers simples vers le néant, cap sur n'importe où. Vorst est le premier à prendre un billet.

237

Kirby eut un hochement de tête.

— C'est difficile à admettre, non? Mais il est prouvé que cette mission sera couronnée de succès.

— Comment cela?

— Oui. Vorst dispose de tous ses flotteurs pour lire le proche avenir. Ils ne cessent de lui déclarer qu'il arrivera là-bas sain et sauf, que tout se passera bien pour lui et l'expédition. Comment voudriez-vous qu'il soit aussi impatient de plonger dans les ténèbres du cosmos, s'il en était autrement?

— Vous croyez vraiment cela? demanda Capodimonte sans interrompre une seule seconde ses travaux d'inventaire, le front plongé dans d'innombrables liasses de feuillets.

— Non, dit simplement Kirby.

Frère Capodimonte ne le croyait pas non plus.

Mais il n'avait rien à redire au rôle qu'on lui avait assigné.

Il avait été présent lors de la réunion du Conseil, quand Vorst avait annoncé son irrévocable décision.

Il avait vu alors se dresser Reynolds Kirby qui avait soutenu avec éloquence les vues du Fondateur et mis en relief les raisons de son départ.

Si l'on considérait l'ambiance cauchemardesque de ce projet, la plaidoirie de Kirby avait eu des accents raisonnables.

Et ainsi, la capsule quitterait la Terre par l'impulsion de quelques adolescents à peau bleue, pour suivre dans le labyrinthe des cieux le fil ténu du parcours dessiné par les espers de la Fraternité.

Et jamais plus, pour l'éternité, Noël Vorst ne foulerait le sol de la planète Terre.

Capodimonte vérifia une dernière fois les listes.

La nourriture.

L'habillement.

La bibliothèque.
L'outillage.
L'équipement médical.
Les appareils de communication.
L'armement.
Les sources d'énergie.

Capodimonte songea que, au moins, l'expédition disposerait de tout l'équipement nécessaire.

L'ensemble de l'entreprise relevait de la pure folie, sans doute, ou bien du grandiose.

C'était la démarche la plus insensée jamais tentée par l'homme.

Ou la plus noble.

Capodimonte n'aurait su le dire.

Pourtant, il était certain d'une chose : l'expédition vers n'importe où ne manquerait de rien.

Il y avait veillé.

*

C'était le jour du départ.

Les rafales glacées des vents de la fin décembre balayaient le Nouveau-Mexique.

La capsule attendait à une vingtaine de kilomètres des bâtiments de recherche du Centre, en plein milieu du désert.

Jusqu'à l'horizon flou des montagnes, il n'y avait que l'étendue désolée des buissons de sauge et de genièvre, les bosquets de pins pignons.

Malgré les vêtements qui l'isolaient parfaitement, Reynolds Kirby eut un frisson lorsque le vent souffla de nouveau sur le plateau.

Dans quelques jours, l'année 2165 commencerait, mais Noël Vorst ne la verrait pas. Kirby ne s'était pas encore fait à cette idée.

Les pousseurs vénusiens étaient arrivés une semaine auparavant. Ils étaient au nombre de vingt et, comme il leur était difficile de vivre en permanence en scaphandre atmosphérique, on avait reconstitué pour eux une partie de Vénus dans un dôme, à quelque distance de l'aire de lancement de la capsule.

L'atmosphère méphitique qui régnait dans le dôme était celle qu'ils étaient accoutumés à respirer.

Lazarus et Mondschein étaient venus en leur compagnie et ils se trouvaient à l'intérieur du dôme, supervisant tous les préparatifs.

Mondschein demeurerait à Santa Fe ensuite, pour subir une série d'opérations complexes.

Lazarus, quant à lui, regagnerait Vénus sous quarante-huit heures. Mais, auparavant, il se retrouverait avec Kirby devant une table de conférence pour établir les clauses de la nouvelle entente.

Lazarus et Kirby s'étaient déjà rencontrés brièvement.

Il y avait douze ans de cela.

Depuis que Lazarus était arrivé, Kirby n'avait échangé que quelques paroles avec lui.

Il avait eu le sentiment que le prophète harmoniste, malgré sa volonté et sa détermination, se montrerait un allié raisonnable. Du moins, il l'espérait.

A présent, sur le plateau fouetté par les vents, les principaux leaders de la Fraternité de la Radiation Immanente étaient rassemblés pour assister au départ de leur chef absolu.

Kirby les observa.

Il y avait là Capodimonte, Magnus, Ashton et aussi Langholt. Et puis tous les autres, des dizaines d'autres qui occupaient des postes à des échelons importants ou qui avaient été nommés à des responsabilités intermédiaires.

Tous, ils regardaient Kirby.

Parce qu'ils ne pouvaient regarder Vorst.

Vorst avait déjà pris place dans la capsule, avec les autres membres de l'expédition. Cinq hommes, cinq femmes.

Des hommes et des femmes qui, tous, avaient moins de quarante ans, étaient en parfaite santé, disponibles, dynamiques.

Et Vorst.

La cabine du Fondateur avait été aménagée aussi confortablement que possible, mais il semblait dément que ce vieil homme puisse ainsi s'enfoncer dans la nuit du cosmos.

Le Superviseur Magnus, Coordinateur pour l'Europe, s'avança aux côtés de Kirby.

C'était un personnage de petite taille, aux traits aigus. Comme la plupart des leaders de la Fraternité, il servait depuis plus de soixante-dix ans.

— Il s'en va, dit-il. Il nous quitte vraiment.

— Oui. Bientôt. Cela ne fait plus aucun doute.

— Lui avez-vous parlé ce matin?

— Très brièvement, dit Kirby. Il m'a paru très calme.

— Lorsqu'il nous a bénis, la nuit dernière, il était effectivement très calme, dit Magnus. Presque joyeux.

— Le fardeau qu'il porte est immense. Vous aussi, vous éprouveriez de la joie si l'on vous emmenait dans l'espace pour vous débarrasser de toutes vos responsabilités.

— J'aurais aimé que nous puissions l'en empêcher, dit Magnus.

Kirby, alors, se tourna et lui décocha un regard sévère.

— Cet acte est un acte nécessaire, déclara-t-il au petit homme. Il doit en être ainsi, sinon le mouvement tout entier s'effondrera sous le poids de sa propre puissance, par l'effet de son rayonnement.

— J'ai entendu votre intervention devant le Conseil, mais...

— Nous avons atteint l'achèvement de notre premier stade d'existence, dit Kirby. A présent, il nous faut élargir notre mythologie. Symboliquement, le départ de Vorst est pour nous tous d'une incalculable valeur.

» Il monte aux cieux, nous laissant sa tâche pour héritage et de nouveaux buts à atteindre.

» S'il était demeuré parmi nous, nous aurions commencé à marquer le pas dans notre avance. Désormais, nous pourrons nous servir de son exemple glorieux, y puiser l'inspiration.

» Vorst nous montre la voie vers des mondes nouveaux et, nous qui demeurons ici, nous pourrons construire, édifier sur les fondations qu'il nous lègue.

— A vous entendre, on penserait que vous y croyez.

— J'y crois, dit Kirby. Mais, tout d'abord, je n'y croyais pas. Je ne parvenais pas à l'admettre. Mais Vorst ne s'est pas trompé. Il a raison, jusque dans sa plus ultime pensée. Il m'a dit que je comprendrais avant peu pourquoi il partait.

» Je viens de le comprendre et de l'admettre.

» Par cet acte, cet acte seul, il se montre dix fois plus utile au mouvement que s'il était demeuré parmi nous.

Magnus murmura :

— Il ne lui suffisait pas d'être à la fois le Christ et Mahomet. Il a voulu être Moïse et Elie.

— Je ne pensais pas vous entendre un jour parler de lui sur un ton aussi rude, remarqua Kirby.

— Jamais encore je ne l'avais fait. Bon sang! Je ne veux pas qu'il s'en aille!

Surpris, Kirby vit des larmes briller dans les yeux pâles de Magnus.

— C'est justement pour cela qu'il part, dit-il.

Les deux hommes demeurèrent ensuite silencieux.

Capodimonte, après un moment, s'approcha d'eux.

— Tout est prêt, annonça-t-il. De la bouche même de Lazarus, j'ai appris que les espers étaient en phase.

— Et nos guideurs?

— Ils sont prêts depuis plus d'une heure.

Kirby porta son regard sur la capsule scintillante.

— Alors, dit-il, nous ferions bien d'en finir.

— Oui, fit Capodimonte en écho, nous ferions tout aussi bien...

Lazarus, Kirby ne l'ignorait pas, attendait de lui un signal.

Dorénavant, *tous* les signaux émaneraient de lui. Du moins sur la Terre.

Mais cette idée ne le troublait plus depuis quelque temps.

Il s'était adapté à la situation. Le pouvoir était entre ses mains. Il en avait hérité.

Le terrain d'envol était encombré des insignes symboliques du culte : icônes, réacteur au cobalt... Une véritable quincaillerie d'objets et d'emblèmes.

Kirby fit un geste bref à l'adresse d'un acolyte, et l'on apporta des barres de modération. En quelques secondes, le réacteur fut activé.

Le Feu Bleu prit forme.

Il dansait loin au-dessus du réacteur au cobalt et son éclat baignait la capsule.

Un éclat froid, la radiation glacée de Cerenkov, symbole du culte vorster.

Elle illuminait le plateau balayé par les vents et, à présent, des murmures de dévotion s'élevaient de la foule.

Toutes les lèvres chantonnaient les litanies vorsters, les stations du spectre.

Et l'homme qui avait forgé ces mots avait échappé pour toujours au regard des dévots.

Il était enfermé dans cette Larme d'acier, au centre de la foule.

L'apparition du Feu Bleu était le signal convenu avec les Vénusiens qui attendaient sous leur dôme.

Ils devaient maintenant unir leurs pouvoirs pour lancer la capsule loin de la Terre, pour lancer hommes et femmes vers un monde inconnu, quelque part entre les étoiles.

– Qu'attendent-ils donc? demanda Magnus d'un ton irrité.

– Ils vont peut-être échouer, dit Capodimonte d'une voix chargée d'espoir.

Kirby se taisait.

Alors, la chose commença.

★

Il ignorait encore ce qu'il s'était attendu à voir.

Il lui était advenu de penser à cette scène.

Il avait imaginé des dizaines de Vénusiens dansant et bondissant autour de la capsule, les mains jointes, formant une frénétique guirlande à peine humaine, leurs visages déformés de façon démoniaque par l'effort qu'ils faisaient pour arracher le véhicule spatial à la gravité de la Terre.

Mais il n'y avait aucun Vénusien en vue. Ils se trouvaient tous à l'intérieur de leur dôme, à des centaines de mètres de là.

Et Kirby se disait qu'ils ne se tenaient certainement pas par la main et que leurs visages étaient sans doute impassibles, sereins, seulement concentrés.

Il avait également imaginé le lancement comme celui d'une fusée.

La capsule aurait hésité, oscillé, démarré lentement d'abord, lourdement, puis accéléré brutalement et fendu le ciel vers le zénith, disparu progressivement jusqu'à se fondre dans la lumière.

Mais il ne devait pas en être ainsi.

Rien ne ressemblait à ce qu'il avait pu imaginer.

Il attendit et un long moment s'écoula.

Il pensait à Vorst lorsqu'il se poserait peut-être sur une planète habitable.

Pourquoi pas un monde déjà habité?

Quelle sorte d'impact produirait-il en abordant ce monde vierge? Vorst était une force irrésistible, terrifiante et unique. Où qu'il aille, il engendrait la transformation, la modification.

A la pensée des dix pionniers sans défense qui avaient été désignés pour vivre selon la loi de Vorst, Kirby éprouva de la compassion.

Et il se demanda quel type de colonie ils pourraient bien constituer.

Quelle qu'elle soit, il était certain qu'elle réussirait, qu'elle survivrait.

Le succès était dans la nature de Vorst.

Il était très vieux, certes, mais il disposait encore d'une vitalité proprement effrayante.

Elle était inscrite en lui, dans toutes ses fibres.

Le Fondateur semblait se régaler à la seule idée de ce défi qu'il avait lancé à un possible renouveau.

Kirby ne pouvait que lui souhaiter toute la chance du monde.

– Ils s'en vont! souffla Capodimonte.

C'était vrai.

Ils s'en allaient.

La capsule était encore au sol mais, au-dessus d'elle, l'air vibrait.

On aurait dit que des ondes de chaleur montaient brusquement du sable calciné du désert.

Pendant un temps, la vision demeura.

La capsule immobile sous le ciel.

Les tourbillons transparents d'air torride.

Et puis, la capsule ne fut plus là.

Et ce fut tout.

Kirby contemplait un lieu vide.

Il n'y avait plus de capsule et l'air était immobile.

Vorst était au sein du ciel.

Et une porte avait été ouverte dans ce ciel.

Elle ouvrait sur... n'importe quoi.

Une voix déclara, quelque part derrière Kirby :

– Il existe une Unité d'où toute vie est issue. L'infinie variété de l'univers, nous la devons à...

Une autre voix se joignit à la première :

– Homme et femme, étoile et pierre, arbre et oiseau...

Une autre encore :

– Par la puissance du spectre, du quantum et du saint angström...

Plus loin encore :

– Et voici la lumière, autour de nous et par notre vision.

» Louée soit-elle.

» Et voici la chaleur, devant laquelle nous sommes humbles.

» Et voici l'énergie, par laquelle nous sommes bénis.

Kirby ne se joignit pas aux prières.

Il ne resta pas avec les autres.

Une dernière fois, son regard parcourut le désert, puis le bleu absolu du ciel vide qui, très vite, devenait sombre.

La nuit venait. Et c'était fait.

Vorst était parti.

En ce qui concernait le destin de la Terre, son plan venait de s'achever.

Désormais, la suite appartenait à des hommes de moindre envergure.

La voie était ouverte.

Comme le ciel.

L'humanité pourrait se répandre entre les étoiles.

Peut-être.

Peut-être.

Seul au milieu de l'assemblée de dévots, Kirby, lentement, se détourna du lieu où Vorst avait pris le départ.

Dans la lumière du crépuscule, son ombre était immense sur le désert.

Lentement, très lentement, il s'éloignait du dernier endroit que Vorst eût foulé.

Il marchait vers David Lazarus qui l'attendait.

LITANIE
ÉLECTROMAGNÉTIQUE

STATIONS DU SPECTRE

Et voici la lumière, autour de nous et par-delà
[notre vision.
Louée soit-elle.

Et voici la chaleur, devant laquelle nous sommes
[humbles.

Et voici l'énergie, par laquelle nous sommes
[bénis.

Béni soit Palmer, qui nous donna les longueurs
[d'ondes.

Béni soit Bohr, qui nous donna la compréhen-
[sion.

Béni soit Lyman, qui put voir au delà du
[regard.

RÉCITONS MAINTENANT
LES STATIONS DU SPECTRE

Bénies soient les ondes radio et loué soit Hertz.

Bénies soient les ondes courtes, lien de l'huma-
[nité.

Bénies soient les ondes ultra-courtes.

Béni soit l'infrarouge, porteur de la chaleur
[nourrissante.

Bénie soit la lumière visible, aux magnifiques
[angströms.

> Pour les fêtes seulement : béni soit le rouge, sacré par Doppler. Béni soit l'orange. Béni soit le jaune, révélé par Fraunhofer. Béni soit le vert. Béni soit le bleu pour la raie de l'hydrogène. Béni soit l'indigo. Béni soit le violet, riche d'énergie.

Bénis soient l'ultra-violet et la richesse du
[soleil.

Bénis soient les rayons X, sacrés par Rœntgen.

Bénis soient le rayonnement gamma et sa puis-
[sance.

Béni soit la plus haute des fréquences.

Loué soit Planck.

Loué soit Einstein.

Loué entre tous soit Maxwell.

PAR LA PUISSANCE DU SPECTRE, DU QUANTUM
ET DU SAINT ANGSTROM

PAIX

S-F classique

Jacques Sadoul présente une sélection des meilleurs auteurs du genre, déjà publiés et inédits.
Demandez à votre libraire le catalogue semestriel gratuit.

ASIMOV Isaac
Les cavernes d'acier (404★★★)
Dans les cités souterraines du futur, le meurtrier reste semblable à lui-même.
Les robots (453★★★)
D'abord esclaves soumis des hommes, ils deviennent leurs maîtres.
Tyrann (484★★★)
Sur la Terre, une poignée d'hommes résiste encore aux despotes de Tyrann.
Un défilé de robots (542★★)
D'autres récits passionnants sur ce sujet inépuisable.
Cailloux dans le ciel (552★★★)
Un homme de notre temps est projeté dans l'empire galactique de Trantor.
La voie martienne (870★★★)
Une expédition désespérée pour fournir de l'eau à Mars.

BLISH James
Semailles humaines (752★★)
Des hommes adaptés aux conditions de vie extra-terrestre colonisent la Galaxie.

BROWN Fredric
Paradoxe perdu (767★★)
Une anthologie de S-F humoristique.

BRUNNER John
La planète Folie (1058★★)
Fantasmes et cauchemars des mythologies terriennes assaillent les colons.
Tous à Zanzibar
  (2 t. 1104★★★★ et 1105★★★★)
Surpopulation, violence, pollution: craintes d'aujourd'hui, réalités de demain.
Le troupeau aveugle
  (2 t. 233★★★ et 1234★★★)
L'enfer quotidien de demain.
Sur l'onde de choc (1368★★★★)
Un homme seul peut-il venir à bout d'une société informatisée?

Chasseurs de mondes (1280★★★★)
C'était une race de prédateurs incapables de la moindre émotion. Inédit.
Les adieux du soleil (1354★★★)
L'agonie du soleil est le symbole du crépuscule de la civilisation sur Terre. Inédit.

CLARKE Arthur C.
2001 - L'odyssée de l'espace (349★★)
Ce voyage fantastique aux confins du cosmos a suscité un film célèbre.
Les enfants d'Icare (799★★★)
L'arrivée d'êtres d'outre-espace signifie-t-elle la perte de la liberté?
Rendez-vous avec Rama (1047★★★)
Quand un vaisseau spatial étranger pénètre dans le système solaire.
Les fontaines du paradis (1304★★★)
Le début de l'Ere interplanétaire exige le sacrifice d'une montagne sacrée.

COVER, SEMPLE Jr et ALLIN
Flash Gordon (1195★★★)
L'épopée immortelle de Flash Gordon sur la planète Mongo. Inédit.

CURVAL Philippe
L'homme à rebours (1020★★★)
La réalité s'est dissoute autour de Giarre: il commence un voyage analogique. Inédit.
Cette chère humanité (1258★★★★)
L'appel au secours désespéré du dernier montreur de rêves.

DEMUTH Michel
Les années métalliques (1317★★★★)
Les meilleures nouvelles de l'auteur des Galaxiales.

DICK Philip K.
Loterie solaire (547★)
Un monde régi par le hasard et les jeux.
Dr Bloodmoney (563★★★)
La vie quotidienne post-atomique.

Le maître du Haut Château (567★★★★)
L'occupation des U.S.A. par le Japon et l'Allemagne après leur victoire en 1947.
Simulacres (594★★★)
Le pouvoir était-il détenu par des hommes ou des simulacres animés électroniquement?
A rebrousse-temps (613★★★)
Le sens du temps s'est inversé: les morts commencent à renaître.
Ubik (633★★★)
Le temps s'en allait en lambeaux. Une bouffée de 1939 dérivait en 1992.
Les clans de la lune alphane (879★★★)
Cette ancienne colonie terrienne n'est plus peuplée que de malades mentaux.
La vérité avant-dernière (910★★★)
Enterrés depuis quinze ans, ils attendent la fin de la guerre atomique.
L'homme doré (1291★★★)
L'essentiel des nouvelles de Dick. Inédit.
Le dieu venu du Centaure (1379★★★)
Palmer Eldritch: on connaît ses yeux factices, son bras mécanique, ses dents en acier, mais qu'y a-t-il au delà?

FARMER Philip José
Des rapports étranges (712★★)
Sur une planète isolée, un géant barbu, qui ressuscite les morts, déclare être Dieu.
La nuit de la lumière (885★★)
C'est un arbre, c'est aussi un homme.

FOSTER Alan Dean
Alien (11153★★★)
Avec la créature de l'Extérieur, c'est la mort qui pénètre dans l'astronef.
Le trou noir (1129★★★)
Un maelström d'énergie les entraînerait au delà de l'univers connu.
Le choc des Titans (1210★★★★)
Un combat titanesque où s'affrontent les dieux de l'Olympe. Inédit. Illustré.
Outland... loin de la Terre (1220★★)
Sur l'astéroïde Io, les crises de folie meurtrière et les suicides sont quotidiens. Inédit. Illustré.

HARNESS Charles
L'anneau de Ritornel (785★★★)
C'est dans l'Aire Nodale, au cœur de l'univers, que James Andrek trouvera son destin.

HARRISON Harry
Appsala (1150★★★)
Jason dinAlt tombe de Charybde en Scylla.

HEINLEIN Robert
Une porte sur l'été (510★★)
Pour retrouver celle qu'il aime, il lui suffit de revenir 30 ans en arrière.

HERBERT Frank
La ruche d'Ellstrom (1139★★★★)
Où l'enfer des hommes insectes.

KLEIN Gérard
La loi du talion (935★★★)
Elle seule régit ce monde où s'affrontent cinquante peuples stellaires.

LARSON et THURSTON
Galactica (1083★★★)
L'astro-forteresse Galactica reste le dernier espoir de l'humanité décimée.

LEINSTER Murray
La planète oubliée (1184★★)
Des hommes s'efforcent de survivre sur une planète peuplée d'insectes géants.

LEVIN Ira
Un bonheur insoutenable (434★★★)
Programmés dès leur naissance, les hommes subissent un bonheur uniforme.
Les femmes de Stepford (649★)
Ces jeunes femmes trop parfaites ne seraient-elles que des robots?

MacDONALD John D.
Le bal du cosmos (1162★★★)
Traqué sur Terre, il se voit projeté dans un autre monde.

MOORE Catherine L.
Shambleau (415★★★)
Parmi les terribles légendes qui courent l'espace, l'une est vraie: la Shambleau.

PADGETT Lewis
L'échiquier fabuleux (689★)
Un homme venu du futur intervient dans une guerre du présent.
Kid Jésus (1140★★★)
Il est toujours dangereux de prendre la tête d'une croisade. Inédit.
Nos armes sont de miel (1305★★★)
Après mille ans dans le non-temps, ils parviennent enfin au but. Inédit.

SADOUL Jacques
Les meilleurs récits de:
- **Astounding Stories** (532★★)
- **Wonder Stories** (663★★)
- **Unknown** (713★★)
- **Famous Fantastic Mysteries** (731★★)
- **Startling Stories** (784★★)
- **Thrilling Wonder Stories** (822★★)
- **Fantastic Adventures** (880★★)
- **Astounding Science-Fiction** (988★★)

Une quintessence des revues de S-F aux Etats-Unis de 1910 à 1955.

SILVERBERG Robert
Les monades urbaines (997★★★)
70 milliards d'humains dans des tours de 1000 étages.
Trips (1068★★★)
Corps d'emprunt, temps parallèles, tissu urbain proliférant...: huit drôles de trips.
L'oreille interne (1193★★★)
Télépathe, il sent son pouvoir décliner.
L'homme stochastique (1329★★★)
Carjaval connaissait tout de l'avenir, même sa propre mort.
Les chants de l'été ((1392★★★)
Silverberg est aussi un maître de la nouvelle. Inédit.

SIMAK Clifford D.
Demain les chiens (373★★★)
Les hommes ont-ils réellement existé? se demandent les chiens le soir à la veillée.
Au carrefour des étoiles (847★★★)
Sur Terre, une station secrète où transitent les voyageurs de l'espace.
Projet Vatican XVII (1367★★★★)
Curieuse entreprise pour des robots sans âme: créer un pape aussi électronique qu'infaillible. Inédit.

SPIELBERG Steven
Rencontres du troisième type (947★★)
Le premier contact avec des visiteurs venus des étoiles.

SPINRAD Norman
Jack Barron et l'éternité (856★★★★)
Faut-il se vendre pour l'immortalité?

STEINER Kurt
Brebis galeuses (753★)
Un monde où les maladies servent à punir.
Ortog et les ténèbres (1222★★)
La science permet-elle de s'aventurer dans le domaine de la mort?

STURGEON Theodore
Les plus qu'humains (355★★)
Ces enfants étranges ne seraient-ils pas les pionniers de l'humanité de demain?
Killdozer - le viol cosmique (407★★★)
Des extra-terrestres à l'assaut des hommes.
Les talents de Xanadu (829★★★)
Visitez le monde le plus parfait de la galaxie.

VAN VOGT A.E.
Le monde des Ã (362★★★)
Gosseyn n'existe plus: il lui faut reconquérir jusqu'à son identité.
La faune de l'espace (392★★★)
Au cœur d'un désert d'étoiles, le vaisseau spatial rencontre des êtres fabuleux.
Les joueurs du Ã (397★★★)
L'enjeu de ce siècle éloigné dans le futur, c'est la domination des mondes.
Les armureries d'Isher (439★★★)
Lorsque McAllister entra dans la boutique d'armes, il se trouva dans le futur.
Les fabricants d'armes (440★★★)
La Guilde des Armuriers a condamné à mort Robert Hedrock, mais il est immortel.
La guerre contre le Rull (475★★★)
Seul Tevor pouvait sauver l'humanité de son plus mortel ennemi, le Rull.
Destination univers (496★★★)
De la Terre jusqu'aux confins de la galaxie.
Invasion galactique (813★★★)
Deux races galactiques s'affrontent sur la Terre.
Le Silkie (855★★)
Surhomme ou démon électronique?
L'horloge temporelle (934★★)
Les nouvelles les plus récentes du grand écrivain américain.
Rencontre cosmique (975★★★)
Celle d'un vaisseau corsaire de 1704 et d'un astronef du futur.
Les monstres (1082★★)

ZELAZNY Roger
L'île des morts (509★★)
Qui avait bien pu ressusciter plusieurs ennemis défunts de Francis Sandow?

Science-Fantasy

Mystères, secrets, rêves, prodiges, l'imagination au pouvoir par les auteurs les plus fabuleux.
Demandez à votre libraire le catalogue semestriel gratuit

ANDERSON Poul
La reine de l'Air et des Ténèbres (1268★★)
Pour les colons terriens, ce n'est qu'une légende indigène, pourtant certains l'auraient aperçue. Inédit.

ANDREVON Jean-Pierre
Cauchemar... cauchemars! (1281★★)
Répétitive et différente, l'horrible réalité, pire que le plus terrifiant des cauchemars. Inédit.

BRACKETT Leigh
Le secret de Sinharat (734★)
Eric John découvrira-t-il le secret des immortels sur Mars?
Le peuple du talisman (735★)
Pour vaincre les Barbares, Stark doit s'allier avec les anciens Dieux de Mars.

DERLETH August
La trace de Cthulhu (622★★)
Des récits du mythe Cthulhu, la terrible divinité païenne prête à s'éveiller.
Le masque de Cthulhu (638★★)
Le retour de Dagon et des anciens dieux.

JONES John G.
Amityville II (1343★★★)
L'horreur semblait avoir enfin quitté la maison maudite; et pourtant... Inédit.

KAST Pierre
Les vampires de l'Alfama (924★★★)
La très belle Alexandra est-elle réellement un vampire âgé de plusieurs siècles?

LEIBER Fritz
A l'aube des ténèbres (694★★)
Des adorateurs de Satan luttent contre les prêtres d'une fausse religion.

LOVECRAFT Howard P.
L'affaire Charles Dexter Ward (410★★)
Echappé de Salem, le sorcier Joseph Curwen vient mourir à Providence en 1771. Mais est-il bien mort?
Légendes du mythe de Cthulhu (1161★★★★)
Une somme sur les cultes des Grands Anciens.

SADOUL Jacques
Le domaine de R. :
1 - La passion selon Satan (1000★★)
2 - Le jardin de la licorne (1045★★)
3 - Les Hautes Terres du Rêve (1079★★)
Un combat magique où dieux, démons et humains s'affrontent autour d'une jeune fille morte.

SELTZER et HOWARD
Damien, la malédiction - 2 (992★★★)
Damien grandit et, peu à peu, incarne une terrifiante prophétie biblique.

STRIEBER Whitley
Wolfen (1315★★★★)
Des êtres mi-hommes, mi-loups guettent leurs proies dans les rues de New York. Inédit, illustré.

TOLKIEN J.R.R.
Bilbo le hobbit (486★★★)
Les hobbits sont des créatures pacifiques, mais Bilbo sait se rendre invisible, ce qui le jette dans des combats terrifiants.
Le Silmarillion (2 t. 1037★★★ et 1038★★★)
L'histoire légendaire des Silmarils, les joyaux qui rendent fou.

WILSON Colin
Les vampires de l'espace (1151★★★)
Ils se nourrissent de l'énergie vitale des hommes.

S-F nouveaux talents

Jacques Sadoul, découvreur infatigable, présente ici une nouvelle génération d'auteurs, pour la plupart inédits. Demandez à votre libraire le catalogue semestriel gratuit.

BAKER Scott
L'idiot-roi (1221★★★)
Diminué sur la Terre, il veut s'épanouir sur une nouvelle planète.

BARBET Pierre
L'empire du Baphomet (768★)
Le démon Baphomet des Templiers n'aurait-il été qu'une créature venue des étoiles ?

BOVA Ben
Colonie (2 t. 1028★★★ et 1029★★★)
David Adams, l'homme artificiel, quitte la splendeur d'Ile n° 1, la colonie spatiale, pour porter secours à la Terre ravagée.

CHERRYH Carolyn J.
Chasseurs de mondes (1280★★★★)
C'était une race de prédateurs incapables de la moindre émotion.

DELANY Samuel
Babel 17 (1127★★★)
Le langage peut-il être l'arme absolue ?

DOUAY Dominique
L'échiquier de la création (708★★)
Un jeu d'échecs cosmique où les pions sont humains.

ELLISON Harlan
Dangereuses visions
(2 t. 626★★★ et 627★★★)
L'anthologie qui a révolutionné en 1967 le monde de la science-fiction américaine.

FORD John M.
Les fileurs d'anges (1393★★★★)
Un hors-la-loi de génie lutte contre un super réseau d'ordinateurs.

HIGON Albert
Le jour des Voies (761★★)
Les Voies, annoncées par la nouvelle religion, conduisent-elles à un autre monde ?

KING Stephen
Danse macabre (1355★★★★)
Les meilleures nouvelles d'un des maîtres du fantastique moderne.

KLOTZ et GOURMELIN
Les innommables (967★★★)
... ou la vie quotidienne de l'homme préhistorique. Illustrations de Gourmelin.

LONGYEAR Barry B.
Le cirque de Baraboo (1316★★★)
Pour survivre, le dernier cirque terrien s'exile dans les étoiles.

MARTIN George R.R.
Chanson pour Lya ((1380★★★)
Trouver le bonheur dans la fusion totale avec un dieu extraterrestre, n'est-ce-pas le plus dangereux des pièges ?

MONDOLINI Jacques
Je suis une herbe (1341★★★)
La flore, animée d'une intelligence collective, peut-elle détruire la civilisation humaine ? Inédit.

MORRIS Janet E.
La Grande Fornicatrice de Silistra
(1245★★★)
Estri vit tous les bonheurs.
L'ère des Fornicatrices (1328★★★★)
Devenue esclave, Estri recherche le dieu qui l'a engendrée.

PELOT Pierre
Parabellum tango (1048★★★)
Un régime totalitaire peut-il être ébranlé par une chansonnette subversive ?
Kid Jésus (1140★★★)
Il est toujours dangereux de prendre la tête d'une croisade.

PRIEST Christopher
Le monde inverti (725★★★)
Arrivé à l'âge de 1000 km, Helward entre dans la guilde des Topographes du Futur.

TEVIS Walter
L'oiseau d'Amérique (1246★★★★)
Un homme, une femme, un robot.

Achevé d'imprimer sur les presses de l'imprimerie Brodard et Taupin
7, Bd Romain-Rolland, Montrouge. Usine de La Flèche,
le 15 février 1983
1952-5 Dépôt Légal février 1983. ISBN : 2 - 277 - 21434 - 5
Imprimé en France

**Editions J'ai Lu
31, rue de Tournon, 75006 Paris**

diffusion
France et étranger : Flammarion, Paris
Suisse : Office du Livre, Fribourg

diffusion exclusive
Canada : Éditions Flammarion Ltée, Montréal